大展好書　好書大展
品嘗好書　冠群可期

大展好書　好書大展
品嘗好書　冠群可期

·校園系列·

10

速算解題技巧

宋釗宜／編著

大展出版社有限公司

序　言

有不少人懷疑：速算這項技術，在今日電子計算機如此普及的時代裡，到底存在著什麼樣的價值呢？其實您只要想到，當你手邊正巧沒有帶電子計算機時，而又面臨需要計算的情況，此時，速算就會給您帶來無比的便利了。而且，當您越深入了解速算，越能體會其個中的巧妙及意想不到的魅力了。

例如，當我們在做 1012 與 1016 的乘法運算時，由於這兩個數字都是四位數的單位，單用心算十分困難。但是，如果我們使用速算的方法，便能很快地算出正確的答案了。右邊的算式中，我們並沒有一位一位地將它乘開，而是利用速算的技巧，一次就算出答案，且不用擔心會有錯誤發生。本書中的〔問題17〕中，就是這道算式的詳細說明。速算不僅可以在最短的時間內解出答案，並且同時鍛鍊您的腦力，自然在培養出您對數字的喜好。

$$\begin{array}{r} 1012 \\ \times\ 1016 \\ \hline 1028192 \end{array}$$

本書將全部速算的技巧，融合於 100 道問題中，每一道問題都在教導您致勝的方法，及說明速算精華的所在，因此不可不先睹為快。當您看到稍微困難一點的題目時，不要急著看解答，應該自己先試著用速算法計算一下，再看與解答是否相同，相信會倍加您對速算的興趣。或者，在您看解答之前，以筆算或心算試試您的速度及準確度，相信當您熟習了速算法之後，它將是您的致勝武器！

由於一般經常使用的計算，不外乎加、減、乘、除，及平方五種方法。所以，任何一個算式，我們也可將它分為以上五個方法來運算，再將各項計算出來的結果予以總合，就可以得到需要的正確答案了。

本書不僅教導您以速算法快速地算出答案，並且還附上避免計算錯誤的方法。由於避免錯誤與速算有相當密切的關係，不得不多加注意。在本書的最後，有速算的重點及注意事項，亦請詳閱。全書共分為八章，由速算的性質來一一討論之。每章舉例的問題並不多，例如，在乘法時，如果提出太多例子，反而容易忽略解答的方法，所以我們乃是著重於技巧的教授，以解決您面對問題時的困擾。

本書所提的100道問題中，除了包含傳統的速算方法之外，還附加上作者的心得，而各項的問題，也是針對速算法的學習，精心設計出來的題目。在這100道問題的思考中，您可以真正體會到速算的樂趣，相信對您而言，也是一門相當實用的技術。但願經由本書，可以提高您對數字與數學的興趣，計算能力更進一步。

目　錄

序 言……………………………………………………3

第一章　加法與減法的速算

問題 1.　連加法的運算（湊成10）………… 16
問題 2.　相同數字的集合運算……………… 18
問題 3.　各個位數分開運算………………… 20
問題 4.　利用平均值來求其總和的算法…… 22
問題 5.　利用同位數來做減法……………… 24
問題 6.　利用最相近的整數來做加法
　　（PART 1）……………………… 26
問題 7.　利用最相近的整數來做加法
　　（PART 2）……………………… 28
問題 8.　利用最相近的整數來做減法
　　（PART 1）……………………… 30
問題 9.　利用最相近的整數來做減法
　　（PART 2）……………………… 32
問題 10.　一部分利用補數的算法…………… 34

問題11. 使用補數再一並用連加法的運算………………………… 36
問題12. 加法、減法混合計算的算法……… 38

第二章　乘法的速算

問題13. 由 11 到 19 的二位數之乘法……… 42
問題14. 由 101 到 109 的二個數相乘法…… 44
問題15. 由 1001 到 1009 的二個數乘法速算………………………… 46
問題16. 由 111 到 119 的二個數相乘速算法………………………… 48
問題17. 由 1011 到 1019 的二個數相乘速算法………………………… 50
問題18. 十位數爲 2 的數與十位數爲 1 的數之乘法………………………… 52
問題19. 一個百、十位數皆爲 1 ，與十位數爲 1 之乘法………………… 54
問題20. 個位數皆爲 1 的二數相乘………… 56
問題21. 以10開頭的二數之三位法推廣…… 58
問題22. 十位數字相同，個位數的和爲10之二數乘法………………………… 60

問題23. 十位數相同，而個位數和爲11
之二數的乘法…………………………… 62
問題24. 十位數相同，而個位數和爲 9
之二數乘法…………………………… 64
問題25. 十位數相差 1 ，而個位數的和
爲10之二數相乘……………………… 66
問題26. 十位數相同，而個位數和爲10
的三位數相乘………………………… 68
問題27. 百位數爲 1 ，十位數相同，而
個位數和爲10之兩數相乘………… 70
問題28. 個位數相同，而十位數之和爲
10的二數相乘………………………… 72
問題29. 個位數字相同，而十位數字和
爲11的二數相乘……………………… 74
問題30. 個位數字相同，而十位數的和
爲 9 的二數相乘……………………… 76
問題31. 個位數字差 1 ，而十位數之和
爲10的二數相乘……………………… 78
問題32. 個位數字相同，而十位數字的
和爲10之三位數相乘……………… 80
問題33. 25的乘法………………………………… 82
問題34. 125 、 375 的乘法運算…………… 84

問題35. 乘數與25相近的乘法…………………… 86
問題36. 與 125 數字相近的乘法運算……… 88
問題37. 二數相同的數字之乘法…………… 90
問題38. 三位數皆爲並列數的乘法運算…… 92
問題39. 與並列數的數字相近之乘法……… 94
問題40. 十位數與個位數相加之和爲 9
的乘法運算………………………… 96
問題41. 與 100 相近的二個數之乘法
（ PART 1 ）…………………… 98
問題42. 與 100 相近的二個數之乘法
（ PART 2 ）…………………… 100
問題43. 百位數字相同，十位數字皆爲
0 的二數乘法…………………… 102
問題44. 與1000相近的兩數相乘…………… 104
問題45. 與10相近之乘數的乘法…………… 106
問題46. 與 100 相近之乘數的乘法……… 108
問題47. 相近數的乘法運算……………… 110
問題48. 兩數相加之和爲 100 的乘法……… 112
問題49. 二數之和與 100 相近的乘法……… 114
問題50. 兩數百位皆爲 1 ，且和爲 300
之乘法…………………………… 116

問題51. 交叉相乘之和爲 100 的二數乘法……118
問題52. 交叉相乘之和爲整數的二數乘法……120
問題53. 三位數中，其中二位交叉相乘之和爲100 的乘法……122

第三章　除法的速算

問題54. 5、25的除法……126
問題55. 125 的除法……128
問題56. 9 的除法……130
問題57. 99的除法……132
問題58. 999 的除法……134
問題59. 以 909 的除法……136
問題60. 以9009爲除數的除法……138
問題61. 以98 爲除數的除法……140
問題62. 除數比 100 略小的除法……142
問題63. 以 998 爲除數的除法……144
問題64. 以比1000小的數爲除數之除法……146
問題65. 以15爲除數的除法……148
問題66. 以 35 、45 爲除數的除法……150

問題67.　將除數分解成一位數之積的乘法運算……………………152
問題68.　除數爲199、299的除法………154
問題69.　比整數略小的除數之除法………156

第四章　平方的速算

問題70.　由11到19的平方運算…………160
問題71.　個位數爲5的二數平方…………162
問題72.　十位數皆爲5的二位數之平方乘法……………………………………164
問題73.　與100相接近之數的二次平方法……………………………………166
問題74.　與1000相接近之二數的平方法……168
問題75.　十位數與個位數皆爲5的三位數之平方法……………………………170
問題76.　百位數與十位數皆爲5的三位數之平方法……………………………172
問題77.　個位數字爲4或6之二位數的平方法…………………………………174
問題78.　簡易的二位數之平方法…………176

第五章　分開運算時除法的速算

問題79.　以 2 、 5 來做分開除法的運算……180
問題80.　以25來做分解除法…………………182
問題81.　以 6 來做分解除法…………………184
問題82.　以 7 來做分解除法（PART 1）…………………………186
問題83.　以 7 爲除數的分解除法（PART 2）……………………188
問題84.　以 8 、16爲除數的除數分解法……190
問題85.　以 12 、 18 來做除數的分解法……192
問題86.　以11來做除數的分解法……………194
問題87.　以13來做除數的分解法……………196

第六章　速算的驗算方法

問題88.　加法的驗算…………………………200
問題89.　減法的驗算…………………………202
問題90.　加法、減法混合計算的驗算………204
問題91.　乘法的驗算…………………………206
問題92.　除法的驗算…………………………208
☆九去法的原理………………………………210

第七章　速算時避免錯誤的方法

問題93.　加法時避免運算錯誤的方法
（PART 1）……………………… 216
問題94.　加法時避免運算錯誤的方法
（PART 2）……………………… 218
問題95.　減法時避免運算錯誤的方法
（PART 1）……………………… 220
問題96.　減法時避免運算錯誤的方法
（PART 2）……………………… 222
問題97.　乘法時避免運算錯誤的方法
（PART 1）……………………… 224
問題98.　乘法時避免運算錯誤的方法
（PART 2）……………………… 226
問題99.　乘法時避免運算錯誤的方法
（PART 3）……………………… 228
問題100.　計算中避免除法錯誤的方法……… 230

第八章　速算時的重點

Ⅰ　要如何寫才能最清楚易懂……………… 234
Ⅱ　加、減法的交互運用…………………… 235
Ⅲ　除法與乘法的交互作用………………… 235
Ⅳ　簡單的平方法心算……………………… 236
Ⅴ　計算的順序也是一門功夫……………… 237

Ⅵ　公式的活用……………………………237
Ⅶ　數列的和也可利用公式來解題…………238
Ⅷ　避免看錯題目的困擾……………………239
☆練習問題之解答☆…………………………241

第一章
加法與減法的速算

〔問題　1〕

連加法的運算（湊成10）

1		2	
	3		8
	8		4
	6		3
	2		5
	9		7
	7		2
	＋ 4		6
			3
			1
			＋ 4

說明：一位數的運算，可以說是最簡單的運算方法了。但是即使是這麼簡單的算法，仍要花時間去做。試著由題目的順序，來考慮做法，你會發現它變得更容易。

〔解答〕

一位數的連加法，最常使用的速算法，就是將二個和爲10的數字合起來運算。

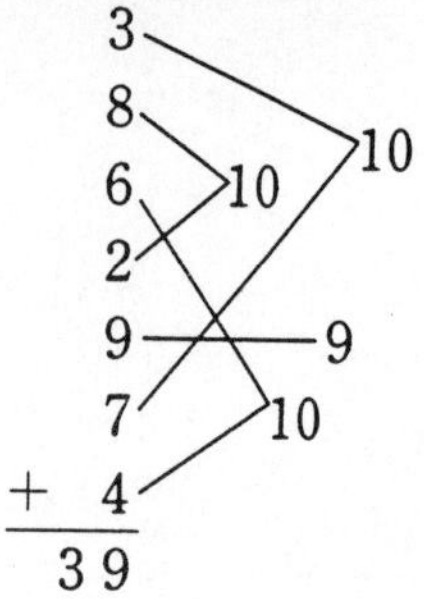

例如：例題1中，第1行的3與第6行的7、第2行的8與第4行的

的2，第3行的6與第7行的4，剩下一個第5行的9，因此，很快地算出答案39。

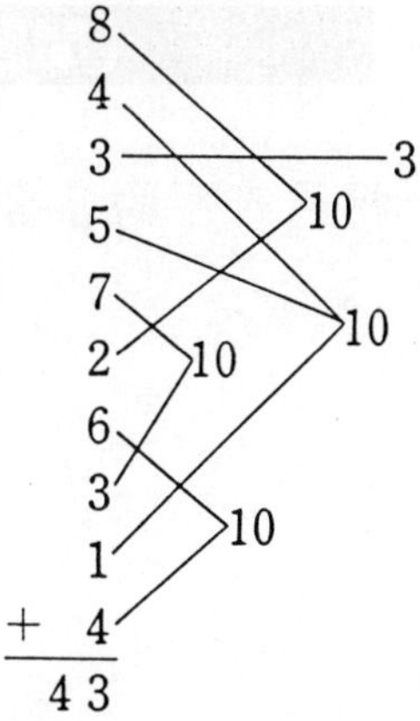

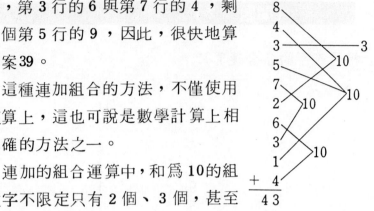

這種連加組合的方法，不僅使用在速算上，這也可說是數學計算上相當準確的方法之一。

連加的組合運算中，和爲10的組合數字不限定只有2個、3個，甚至4個都可以，只要你覺得自己不會搞混就好了。但是一般而言，都是以3個爲限。

在例題2中，如果你只單用2個數字湊成10的和，將會剩下4、3、5、1這4個數，所以我們再將4、1、5這3個數字組合起來，又可以湊出一個10了。

練習問題 1

①	②	③
3	7	1
4	2	4
8	4	7
6	5	6
2	8	8
6	6	5
+ 7	7	3
	5	2
	+ 3	8
		+ 1

〔問題　2〕

相同數字的集合運算：

1		2	
	5		2
	9		1
	4		7
	5		6
	4		2
	9		1
	5		7
	＋ 4		2
			1
			＋ 6

說明：當一道題目中出現數個相同的數字時，將它們集合起來運算是重要的秘訣之一。將它們的個數再以乘法來計算，便很快地可算出答案，而且整道題目也就變得一目瞭然了。

〔解答〕

例題1第 1 行、第 4 行及第 7 行的 5 ，第 2 行及第 6 行的 9 ，第 3 行、第 5 行及第 8 行中的 4 ，都是相同的數字，將其結合起來後， 3 個 5 爲 15，2 個 9 爲 18，3 個 4 爲12，由於

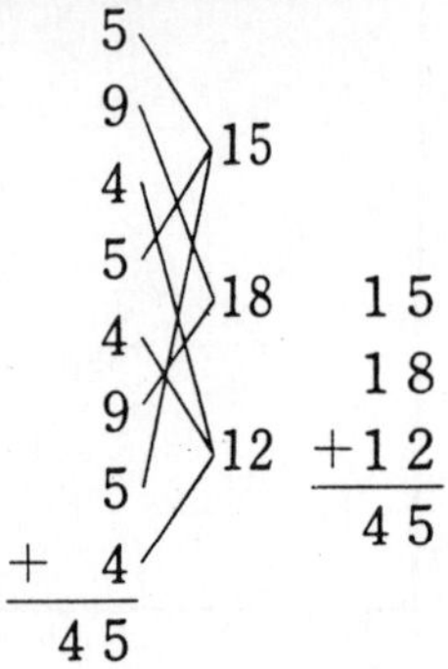

式子中沒有其它的數字，所以再將這3個數加起來，就可求出和爲45的答案了。

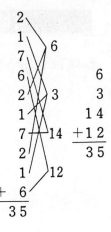

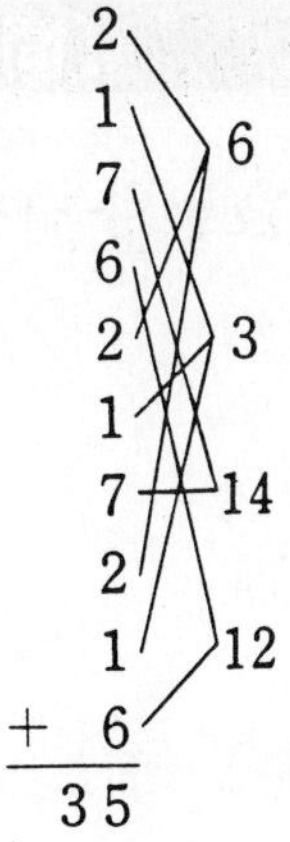

$$\begin{array}{r} 6 \\ 3 \\ 14 \\ +12 \\ \hline 35 \end{array}$$

例題[2]也是採用相同的方法運算。3個2爲6，3個1爲3，2個7爲14，2個6爲12。將這4個數字再連加起來時，首先配合6與14爲20，再配上3與12爲15，20加15就是我們所要的答案了。

所以，當我們在運算時，要先使運算變成一件快樂的差事。配合上速算法的學習，無論再長、再大的加法，我們都可輕鬆地算出答案了。

練習問題 2

① $\begin{array}{r} 4 \\ 3 \\ 9 \\ 8 \\ 3 \\ 4 \\ +\ 9 \\ \hline \end{array}$　② $\begin{array}{r} 5 \\ 6 \\ 1 \\ 5 \\ 7 \\ 1 \\ 6 \\ 7 \\ +\ 6 \\ \hline \end{array}$　③ $\begin{array}{r} 3 \\ 8 \\ 6 \\ 3 \\ 3 \\ 6 \\ 4 \\ 8 \\ 4 \\ +\ 6 \\ \hline \end{array}$

〔問題　3〕

各個位數分開運算

①	②
93	273
48	826
47	37
12	453
24	344
57	+ 81
+ 16	

說明： 在做二位數與三位數的加法運算時，將它們各個位數分開來計算，因爲一位數的算法畢竟比較簡單。利用這個想法，試著解解看〔問題①〕與〔問題②〕。

〔解答〕

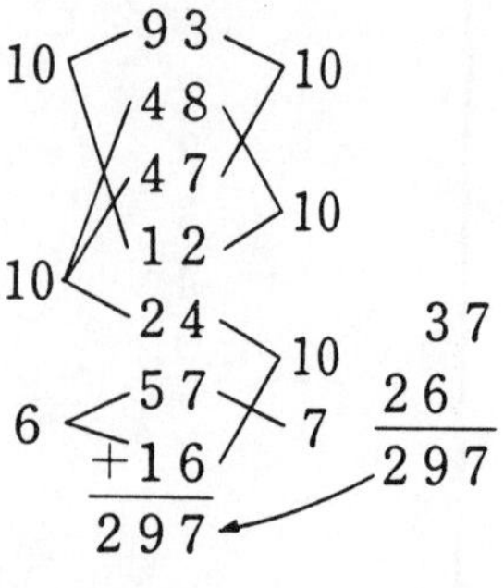

在例題①中，由於全是二位數的連加法，所以將它分爲個位數與十位數 2 組。然後再將個位數所加的總和靠個位數排列，十位數的和，按十位數排列，相加即可。本題個位數的和是 **37**，十位數的和是 **26** ，所以 **26** 要向左邊移一位，兩者再相加。這樣的計算方法，也可將錯誤減到最低，〔問題93〕即是利用這個原理解出的。

```
  273
  826
   37
  453
  344
+  81
─────
 2014
```

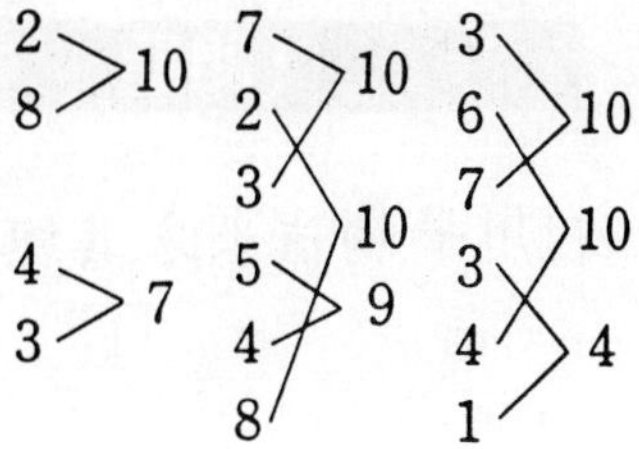

```
  24
 29
17
────
2014
```

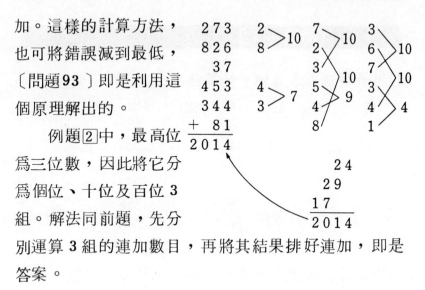

例題②中，最高位為三位數，因此將它分為個位、十位及百位3組。解法同前題，先分別運算3組的連加數目，再將其結果排好連加，即是答案。

這類的速算法，不用花太多的時間，並且由於一位數的運算相當地簡單，在速算法中是相當重要的一個步驟。

練習問題 3

①	②	③
42	427	3533
73	347	4786
47	230	6378
50	506	7054
62	368	5057
33	321	4175
+ 68	+ 474	+ 5842

〔問題　4〕

利用平均值來求其總和的算法

1		2	
	78		357
	83		338
	81		364
	77		348
	85		352
	76		356
	77		345
	+ 84		+ 353

說明：當有數個差不多的數做連加法時，將它一個一個地加起來是最笨的方法。要找出一個基準數，再求出各項的差數，將一項項的差數加起來，便是要求的答案。

〔解答〕

當有數個差不多的數字相加時，應該在中間設定一個基準，再將每個數與這個基準做一比較。

在例題1中，由於都是二位數，十位數字也不外乎7或8，因此我們設定80為

78	−2	
83	3	
81	1	80
77	−3	× 8
85	5	640
76	−4	
77	−3	
+ 84	4	
641 ←	1	

基準，再求各個數目與80的差。當求出個別的差數之後，將正負數相互抵消，由於和爲1，再針對基準數來予以補正。80的8倍再加1，所得641就是答案。

在例題[2]也是以相同的方式做答。找出350爲基準，再算出每個加數的差，對準其基準來予以補正，就可找出答案爲2813。在做答的過程中，正數的差數放一邊，負數的差數放一邊，再將二者相加抵消，求出差爲13，也不失爲一個好方法。

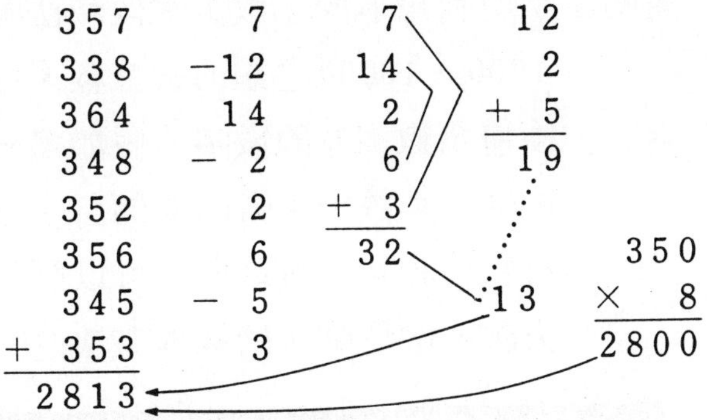

基準數的選擇十分重要，由於我們會按照其個數而將它放大數倍，最好選擇一個簡單的整數。此外，這種利用平均值來求總和的算法，我們也可利用來求平均數的速算上。

練習問題 4

①	②	③
42	865	6425
46	872	6439
37	884	6451
35	868	6428
41	859	6444
32	876	6448
+ 43	+ 881	6456
		+ 6460

〔問題　5〕

利用同位數來做減法

$$\boxed{1}\quad \begin{array}{r} 1000 \\ -\ \ 783 \\ \hline \end{array} \qquad \boxed{2}\quad \begin{array}{r} 10000 \\ -\ 4159 \\ \hline \end{array}$$

說明：所謂利用「同位數」來做減法，是指像 100 、1000 、10000之類的被減數，第一位爲 1 ，之後連續數個 0 的數字。假如第一位不是 1 ，末尾也不是數個連續的 0 的話，在做法上可能較有利於計算，所以我們可以利用同位數的思考方法，做爲減法的基本方法之一。

〔解答〕

$$\begin{array}{r} 999 \\ -\ 783 \\ \hline 216 \\ +\quad 1 \\ \hline 217 \end{array}$$

本例題[1]中，1000 可以想成是 1000 ＝999 ＋ 1 ，所以本題就變成 999 － 783 的減法算式。由於被減數的每一位數都是數字中最大的 9 ，因此，各個位數的答案便可很快地求出。差爲 216 ，但是還要再加上原先扣除的 1 ，成爲答案 217 。這也就是本題的1000減783的正確答案。由本計算式中可知：個位數中的 7 加上減數個位的 3 爲10，而十位的 1 與百位的 2 ，也分別有 8 、 7 來與之相加，湊成 9 。所以說 217 、 783 可說是對1000而言，是二個「補數」，這是比較麻煩的解釋方法，簡言之，答案就是 783 的補數即可。

在例題[2]中，可把它看爲4159求10000中相對的補數。由於將個位的10化成9，使得十位、百位、千位中，面對其減數5、1、4，也都變爲9，最後求得答案爲5841。這個順序，是由最後一位往前算的方法，等到習慣了這個算法，由第一位往後算，也不失爲更快速方便的方法。

```
  9999
− 4159
──────
  5840
+    1
──────
  5841
```

所謂補數，是定出一個數爲基準，其中的一個數加上與它相對的數字，成爲原來的基準數，這二個數就互稱爲補數。一般而言，1000與10000是常用來當基準數的數字，也有其他的數字當基準數。

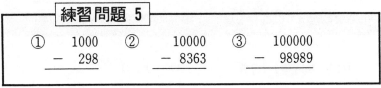

練習問題 5

```
①   1000      ②   10000     ③   100000
  −  298         − 8363         − 98989
  ──────         ──────         ───────
```

〔問題 6〕

利用最相近的整數來做加法（ PART 1 ）

1	2
98	93
95	582
97	896
93	84
99	298
+ 92	+ 497

說明：利用最相近的整數，是指原來的數字上，再加上少許的數字，使之湊成像 100 、1000 之類的整數。當然，若湊成像 600 、8000 之類的數字也是可以的。這一類方法的運算，就是利用補數的原理來解答的。

〔解答〕

由於本題1的每一個加數，都與 100 相近，因此都湊成 100 ，再列出其補數。將各 100 相加以及各補數相加，皆是十分簡單的算法，因此，我們很容易就可算出各則的答。再由 600 中扣除其補數26 ，就得到答案 574

98	100	− 2
95	100	− 5
97	100	− 3
93	100	− 7
99	100	− 1
+ 92	100	− 8
574	600	−26

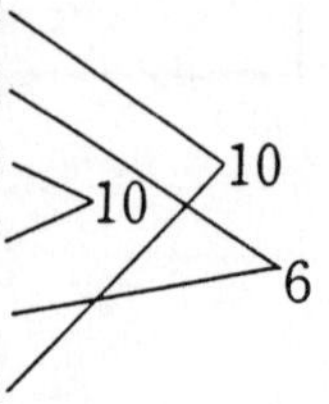

。由此計算式中可知，如果沒有利用補數的原理，原式則無法化簡，就達不到速算的效果了。

93	100	－7
582	600	－18
896	900	－4
84	100	－16
298	300	－2
＋ 497	500	－3
2450	2500	－50

例題[2]中，由於各個數字都大致接近 **100** 的倍數，因此，各別找出其相近的倍數，並在一旁列出相對應的補數。本題與例題[1]完全是 **100** 的 **6** 倍之算法，相形之下是稍微困難了一點，但在速算法的方式之下，仍可很容易地算出其答案來。

練習問題 6

①	②	③
92	794	698
97	189	2989
86	93	196
95	998	6788
89	694	394
＋ 94	287	97
	＋ 88	＋ 3999

〔問題　7〕

利用最相近的整數來做加法（ PART 2 ）

1	989	2	1453
	648		3996
	＋ 296		825
			＋ 395

說明：由於並不是每一個數字都接近 100 的倍數，因此，離 100 太遠的數字，不用把它湊成整數，只要把相近的數字湊出即可。因爲如此硬把每個數都勉強湊成，反而會減低速算的效果。

〔解答〕

989	1000	−11
648	648	
＋ 296	300	− 4
1933	1948	−15

例題1中，由於與整數相近的數字只有 989 與 296 二個，而 648 距離整數太遠，所以只將 980 與 296 用補數列出。將 648 再加上 1000 與 300，整個算式就變得很簡單，答案爲 1948，但因應扣除的補數爲15，所以 1948 再減去 15，得到標準答案爲1933。本例題中，除了其中一個加數無法湊成補數之外，其餘都與〔問題 6〕所教的方法完全相同。

例題2中，能湊成整數的，只有3996與395這兩個。其餘的1453與825，由於沒有相近的整數，因此不用強制湊出，否則，也只是徒增麻煩罷了。使用相近的整數，來做加法的運算，的確可使計算變得相當簡單，並且提升了速算的效果。

1453	1453	
3996	4000	−4
825	825	
+ 395	400	−5
6669	6678	−9

練習問題 7

①	②	③
97	698	1989
46	292	2342
94	424	4997
＋ 92	799	1336
	＋ 388	7984
		＋ 4993

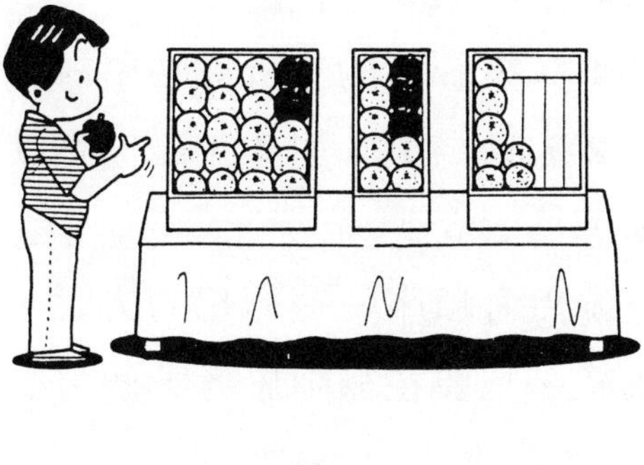

〔問題　8〕

利用相近的整數來做減法（ PART 1 ）

1　$\begin{array}{r} 523 \\ -\ 398 \\ \hline \end{array}$　　2　$\begin{array}{r} 7263 \\ -\ 2989 \\ \hline \end{array}$

說明：利用相近的整數來做減法，不要忘了要再將少出的部分再逆加回去。首先用相近的整數來減，由於多減了其補數的部分，減完後要將其補數再加回。這樣的算法，是基本速算法的思考方式，其實原則上仍是加法的形式。

〔解答〕

$\begin{array}{r} 523 \\ -398 \\ \hline 125 \end{array}$　　$\begin{array}{r} 523 \\ -400 \\ \hline 123 \\ +\ \ 2 \\ \hline 125 \end{array}$

例題1中，由於 398 可看作是 398 ＝ 400 － 2 ，400 是其最相近的整數，就直接用 523 來減 400 ，心算可得出 123 。但是由於當初是以 400 來計算的，所以必須處理 398 的補數 2 ，再加上 2 ，即為 123 加 2 ，這也是以心算便可得知的，答案即為 125 。

以上是就思考順序一一列出的方式，等到熟悉整個計算方法後，只要在腦中思考，便可很快地得到答案了。

例題[2]中，2989要看作是 $2989 = 3000 - 11$，因此以 3000這個相近的整數，來取代原數的計算。用7263來減 3000 得到 4263，再加上補數的 11，就得到正確答案4274。

$$\begin{array}{r} 7263 \\ -2989 \\ \hline 4274 \end{array} \qquad \begin{array}{r} 7263 \\ -3000 \\ \hline 4263 \\ +\quad 11 \\ \hline 4274 \end{array}$$

由以上的算式中可得知，無論是三位數或四位數的減法，都可利用相近的整數來做，因爲原則都是相同的。

練習問題 8

① $\begin{array}{r} 836 \\ -\ 488 \\ \hline \end{array}$　② $\begin{array}{r} 6463 \\ -\ 2996 \\ \hline \end{array}$　③ $\begin{array}{r} 42762 \\ -\ 29976 \\ \hline \end{array}$

〔問題　9〕

利用最相近的整數來做減法（ PART 2 ）

1

$$\begin{array}{r} 824 \\ -\ 187 \\ -\ 298 \\ -\ 92 \\ \hline \end{array}$$

2

$$\begin{array}{r} 9234 \\ -\ 1988 \\ -\ 796 \\ -\ 2979 \\ -\ 687 \\ \hline \end{array}$$

說明：當有利用到相近的整數來做減法時，無論減數的個數有幾個，都是採用相同的原理來解題的。但在一個式子當中，不要忘了再加上補數。但相信只要一旦習慣了速算的做法之後，就不會再有忘記加補數的煩惱了。

〔解答〕

由於減數 187 、298 、92，都予整數200、300 、100 相近，因此可使用補數計算的方法。

$$\begin{array}{r} 824 \\ -187 \\ -298 \\ -\ 92 \\ \hline 247 \end{array} \quad \begin{array}{r} \\ 200-13 \\ 300-\ 2 \\ 100-\ 8 \\ \hline 600-23 \end{array} \quad \begin{array}{r} 824 \\ -600 \\ \hline 224 \\ +\ 23 \\ \hline 247 \end{array}$$

利用心算，可很快的算出 200 加 300 加 100 為 600 ，而三個補數也可算出為 13 加 2 加 8 為 23 ，所以我們只要再將 824 減 600 ，得到 224 ，但還要再加上補數的23 ，得到正確答案爲247 。

例題2中，1988 接近2000 ，796 接近800 ，2979 接近3000 ，687 接近700 ，因此都可先利用相近的整數來計算。當9234減去相近的整數和6500之後，不要忘了再加上多減去的補數和50，才是正確答案。

```
  9234                      9234
－1988    2000－12       －6500
－ 796     800－ 4         2734
－2979    3000－21       ＋  50
－ 687     700－13         2784
  2784    6500－50
```

這樣的計算方式，不單可用於減法上，對於提高效率方面，也是相當有效的方法。

練習問題 9

①		②		③	
	602		3216		52021
－	94	－	489	－	2993
－	195	－	792	－	3989
－	87	－	586	－	9978
		－	398	－	4986

〔問題 10〕

一部分利用補數的算法

```
[1]    3265      [2]    481382
     − 1387           − 263543
     ──────           ────────
```

說明：此類減法的運用，大致上仍與前面的相近的整數相減在做法上是大同小異的，也是採用補數的方法。由於加法在做法上比減法簡單，因此可以部分用補數的相加，相信會讓你覺得輕鬆一些。這個問題，於〔問題95 〕中也有提到，因此可明白是一個相當重要的觀念。

〔解答〕

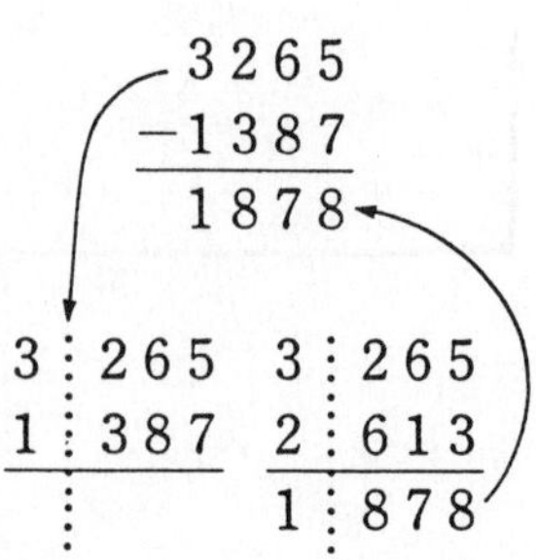

在例題[1]中，首先先將千位與百位之間畫一道虛線區分開來。由於千位以上不會有太大的困難，而百位以下，唯有在不夠時，才會向千位借用。因此，先由千位提出 1 到百位，而百位以下，也個自寫出其補數。經由此步驟後，千位仍用減法，而百位以下則只要用加法來運算，便可得到正確答案1878。

而此處的根據，乃是 387 ＝1000 － 613 而成立的。

例題[2]中，前面二位不動，自萬位與千位之間畫一道虛線區分開來，再由萬位提 1 至後面，於是減數變成 26 加 1 爲 27 。然後再提出3543對10000的補數6457 ，萬位以上的部分用加法，本題即可算出。

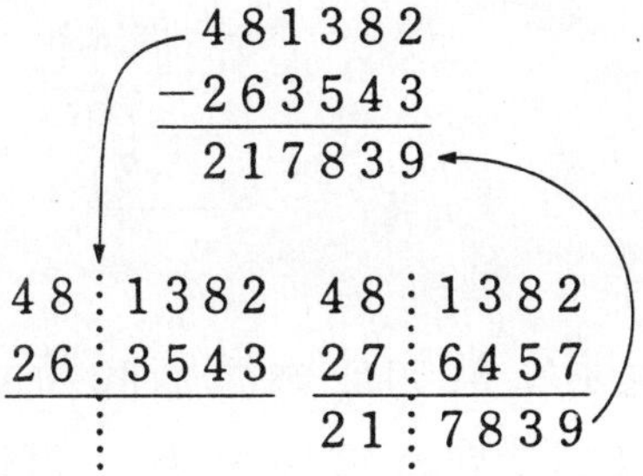

此外，〔問題 96 〕也是利用此部分所示的方法來解答的，相當地有效。

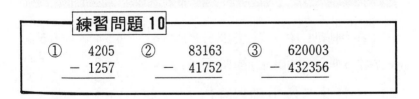

練習問題 10

① 4205 − 1257

② 83163 − 41752

③ 620003 − 432356

〔問題 11〕

使用補數再一並用連加法的運算

1	2
654	27425
− 328	− 6829
+ 243	+ 1283
− 767	− 7654
+ 313	+ 8273
	− 9492

說明： 當加法與減法同時出現在一道算式中時（加減混合算），有二個計算的方法。一個算法是將減法部分用補數來代替，然後再一起加起來。另一個算法本章暫且不提，留待〔問題12〕的部分，再詳細敍述之。而這個方法，則是利用加法的放一邊，減法的放一邊分開處理。

〔解答〕

在例題1中，減法部分的328、767，對應1000的補數為672、233，將此二數用補數替代，一並連加起來，然後得和2115，還要再扣除2000。因為這個2000，乃是由於使用了兩個補數，與原式的不

654	654
−328	672✓
+243	243
−767	233✓
+313	+ 313
115	2115
	↓
	115

同處，只用在右側的補數上畫個✓，便可一目瞭然它的由來了。此外，雖然和求出為 2115 ，再扣掉 2000 ，為正確答案的 115 ，此乃是速算中使用的方法，只要寫出正確答案即可。

例題2中，由於減數都是四位數，因此只要求出對應 10000 的補數即可。6829 、 7654 、 9492 的相對補數為 3171 、 2346 、 508 將所有的數字連加起來，便可得 43006 。由於使用了 3 個補數，因此再扣除 30000 ，得到正確答案為13006 。

27425	27425
− 6829	3171✓
＋ 1283	1283
− 7654	2346✓
＋ 8273	8273
− 9492	508✓
13006	43006
	↓
	13006

像以上這種算法，即使有再多的減數出現，由於是採用同數字的補數對照，絕對不會有搞混的情況發生。

練習問題 11

①	②	③
79	359	5799
− 37	− 198	− 7501
＋ 56	＋ 836	＋ 2728
− 49	− 722	− 982
＋ 68	＋ 657	＋ 6529
	− 902	− 3694

〔問題 12〕

加法、減法混合計算的算法

1	654	2	27425
	− 328		− 6829
	＋ 243		＋ 1283
	− 767		− 7654
	＋ 313		＋ 8273
			− 9492

說明：此類的題目，與〔問題11〕所述相同，都是加法與減法混合計算的類型，而本部分就是提出第二部的做法。把加法與減法分開來計算，然後，再把這個方法與上個方法做一比較，利用相同的問題，不同的解法，看看有何不同。

〔解答〕

例題1中，先將加法部分全部加起來，得到和爲1210，減法部分也全加起來，爲1095，然後再一起用1210減去1095，得到答案115。

這樣的方法，只有在最後一個步驟才用減法，其餘都是用加法來求它們的和。由於算加法比算減法來得容易，自然算起來比較輕鬆。

例題2中，其加法的部分總和爲36981，減法部分的總和爲 23975 ，36981 減 23975 答爲 13006 ，這即是正確答案。

```
 654
-328
+243
-767
+313
―――――
 +        -
 654
 243       328
+313      +767
―――――     ―――――
1210      1095

 1210
-1095
―――――
  115
```

```
 27425
- 6829
+ 1283
- 7654
+ 8273
- 9492
――――――
 +          -
 27425      6829
  1283      7654
+ 8273    + 9492
――――――    ――――――
 36981     23975

 36981
-23975
――――――
 13006
```

在本題所提的方法中，亦可用於加法的速算中，但是本方法，只可單單算出答案，沒有其他技巧可言。

練習問題 12

①	②	③
52	511	7157
− 45	− 336	− 2892
+ 67	+ 408	+ 5866
− 35	− 162	− 9413
+ 87	+ 219	+ 8366
	− 345	− 6479

第二章
乘法的速算

〔問題 13〕

由11到19的二位數之乘法

$$\boxed{1}\quad \begin{array}{r} 12 \\ \times\ 16 \\ \hline \end{array} \qquad \boxed{2}\quad \begin{array}{r} 14 \\ \times\ 19 \\ \hline \end{array}$$

說明：首先，先讓我們來看一些普通的乘法。十位部分都是為1的情況，這樣的算式可說是相當地簡單。我們只要找出它的特徵，再利用速算的方法，一下子便可解出了。現在，就讓我們再回到這兩道一般性的題目上來，仔細想想它的特徵在哪兒？

〔解答〕

在例題$\boxed{1}$中，首先用兩個個位數相乘，得 $2\times6=12$，並寫下此二位數。之後，再用第一個二位數，加上第二個二位數的個位數為 $12+6=18$，向左邊空一位，並寫下此數。最後算出此二數的和，就是答案192。

$$\begin{array}{rl} 12 & \\ \times\ 16 & \\ \hline 12 & \leftarrow 2\times6 \\ +\ 18\ & \leftarrow 12+6 \\ \hline 192 & \end{array}$$

例題$\boxed{2}$也是採用相同的做法。先用 4×9，寫下此二位數，然後再以 $14+9$ 的和，記於左移一位的位置上，最後算出兩者的和 **266** 即可。

只要習慣了這個做法，以後用心算即可解出答案了。

$$\begin{array}{rl} 14 & \\ \times\ 19 & \\ \hline 36 & \leftarrow 4\times 9 \\ +\ 23 & \leftarrow 14+9 \\ \hline 266 & \end{array}$$

本章所依據的原因，乃是將此二數的個位數看做是 a 、b 兩數，則此二數即可寫成 **10 ＋ a 、10 ＋ b**，二數相乘，其積的寫法爲：

$$\begin{aligned}&(10+a)(10+b)\\&=100+10(a+b)+ab\\&=\{(10+a)+b\}\times 10+ab\end{aligned}$$

以此原理，即可速算出我們需要的答案。

練習問題 13

① $\begin{array}{r} 12 \\ \times\ 13 \\ \hline \end{array}$　② $\begin{array}{r} 18 \\ \times\ 16 \\ \hline \end{array}$　③ $\begin{array}{r} 17 \\ \times\ 19 \\ \hline \end{array}$

〔問題　14〕

由 101 到 109 的二個數相乘法

$$\boxed{1}\quad \begin{array}{r} 102 \\ \times\ 107 \\ \hline \end{array} \qquad \boxed{2}\quad \begin{array}{r} 109 \\ \times\ 106 \\ \hline \end{array}$$

說明：三位數的乘法運算，特別是這種百位爲 1 ，十位爲 0 的計算，在速算的方法上，是屬於原理相當簡單的式子。如果您善於利用〔問題 13〕的方法的話，就會發現解這道題目的重點所在。現在，讓我們利用這個觀念，使用正確的速算方法，好好地計算此題的正確答案吧！

〔解答〕

例題1中，首先先做個數位的乘法

$$2 \times 7 = 14$$

然後再把14寫在最右邊的二位數上。並且在位數的下兩位數，以加法算出

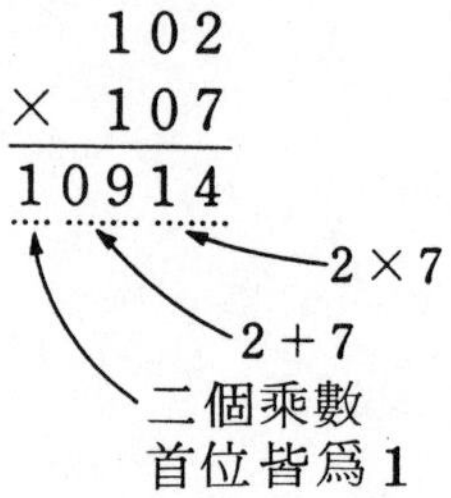

$$2 + 7 = 9$$

寫在14左邊的二位數上，最後將最左的一位上寫 1 ，這樣就是本題乘

法的答案了。

例題[2]也是相同的做法。先將9 × 6寫在最右邊二位上，再將9＋6寫在下二位上，最後再寫上首位的1，便是所求的答案。

```
    109
×   106
  11554
```

（54 ← 9 × 6；15 ← 9 + 6；1 ← 首位皆爲 1）

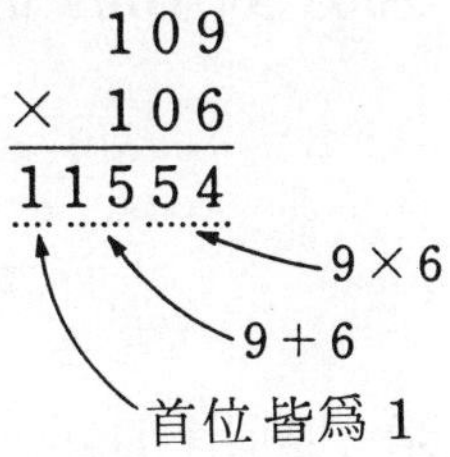

以上兩例題的做法，其原理如下所示：兩個二位數，其個位數分別爲a、b，百位皆爲1，十位皆0，所以此二數可寫成

$$100+a、100+b$$

而它們二者的積，即是

$$(100+a)(100+b)$$
$$=10000+(a+b)\times 100+ab$$

這也是本題速算所根據的原理。

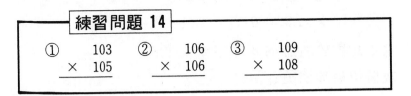

練習問題 14

① 103×105　② 106×106　③ 109×108

〔問題 15〕

由 1001 到 1009 的二個數乘法速算

$$\boxed{1}\quad \begin{array}{r} 1002 \\ \times\ 1003 \\ \hline \end{array} \qquad \boxed{2}\quad \begin{array}{r} 1007 \\ \times\ 1009 \\ \hline \end{array}$$

說明： 利用前面〔問題14〕的例子，此類四位數的乘法，其主要原理仍是一樣，仍屬於同一類型的計算方法。由於千位數爲 1，百位與十位都是 0，心算即可很容易地算出答案，所以像此類的題目，以後不論五位數、六位數，都可以相同的方式解出答案。

〔解答〕

首先先算個位數字的乘法：

$$2 \times 3 = 6$$

寫下此數於右邊的 3 位空格上，再做個位數加法的運算

$$2 + 3 = 5$$

再寫下此數於下三位數上，在最左邊位上寫下 1，便是此題的正確答案。像此類的運算，最重要的是要

$$\begin{array}{r} 1002 \\ \times\ 1003 \\ \hline 1005006 \end{array}$$

2 × 3

2 + 3

首位皆爲 1

三位數爲一單位來做答，就不會弄錯了。

例題②也是使用相同的做法。

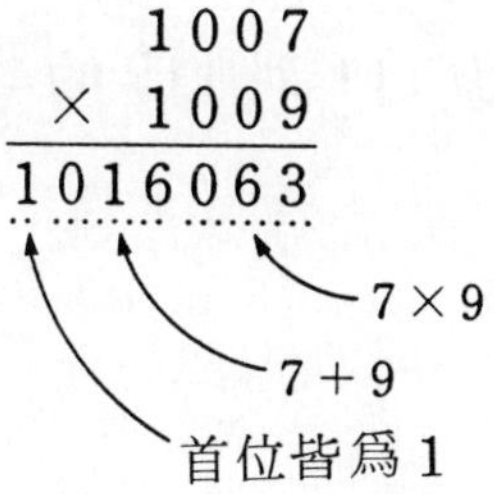

7 × 9 的答案寫在前三位數字的空格上，7 ＋ 9 再寫在下三位數字上，最後在最左邊的 1 位寫上1，便是本題的答案。

本題型運用的原理，也是同前面的原理相同。將此二數的個位數分別列爲 a 、b ，千位皆爲 1 ，百位與十位皆爲 0 ，於是可以表示爲：

$$1000+a、1000+b$$

而此二數的積則爲：

$$(1000+a)(1000+b)$$
$$=1000000+(a+b)\times 1000+ab$$

這也就是本速算法所根據的原則。

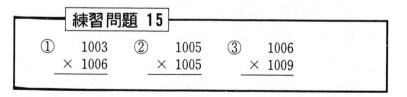

練習問題 15

① $\begin{array}{r} 1003 \\ \times\ 1006 \\ \hline \end{array}$　② $\begin{array}{r} 1005 \\ \times\ 1005 \\ \hline \end{array}$　③ $\begin{array}{r} 1006 \\ \times\ 1009 \\ \hline \end{array}$

〔問題　16〕

由 111 到 119 的二個數相乘速算法

1	112×116	2	114×119

說明：此類乘法的速算，必須運用到二組方法一起使用來解題。如果不看百位的 1 時，就用〔問題 13〕的方法，將由 11 到 19 的二數相乘起來；如果將十位的 1 看做是 0 時，就利用〔問題14〕的方法，將由 101 到 109 的二個數字相乘起來。但是現在的問題是如何將這二組方式組合起來？請仔細想想。

〔解答〕

首先先利用〔問題13〕的方法，來求出首二位數的乘積 12 × 16，並將它寫於第一行的算式上。接下來再算出 112＋16的加法算式，並將答案寫於左下方移二位的位置上，最後將此二數和相加，便是所求的答案。

```
    112
  × 116
  -----
    192   ←12×16
  128     ←112+16
  -----
  12992
```

例題[2]也是使用相同的方式，先將 **14 × 19** 的乘積寫在第一行的算式上。接下來再算出 **114 ＋19** 的加法算式，並將答案寫於左下方移二位的位置上，最後將此二數和相加，便是答案。

$$
\begin{array}{rl}
114 & \\
\times\ 119 & \\
\hline
266 & \leftarrow 14\times 19 \\
133 & \leftarrow 114+19 \\
\hline
13566 &
\end{array}
$$

看做是A、B，百位仍維持原來的1，於是此二數可寫成

$$100+A、100+B$$

而二數的積則爲

$$
\begin{aligned}
&(100+A)(100+B)\\
&\quad=10000+100(A+B)+AB\\
&\quad=\{(100+A)+B\}\times 100+AB
\end{aligned}
$$

以上便是本速算的方法。

練習問題 16

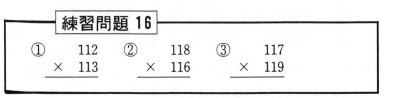

① $\begin{array}{r} 112 \\ \times\ 113 \\ \hline \end{array}$　② $\begin{array}{r} 118 \\ \times\ 116 \\ \hline \end{array}$　③ $\begin{array}{r} 117 \\ \times\ 119 \\ \hline \end{array}$

〔問題 17〕

由 1011 到 1019 的二個數相乘速算法

$$\boxed{1}\quad \begin{array}{r} 1012 \\ \times\ 1016 \\ \hline \end{array} \qquad \boxed{2}\quad \begin{array}{r} 1014 \\ \times\ 1019 \\ \hline \end{array}$$

說明：本例題可大致參考〔問題 16 〕，因爲所使用的方法大致相同，仍是使用〔問題 13 〕與〔問題 15 〕的綜合方法來解題的。在解答的過程中，甚至不必計算就可直接寫出答案，由此可知速算驚人的效果。

〔解答〕

在例題$\boxed{1}$中，首先先將後兩位的 12 與 16 乘起來（ 12 × 16 ），並將答案寫於右邊的三位數上。然後再將 12 ＋ 16 的加式答案寫在下三位上，而最後一位仍是寫 1 ，這就是此題乘法的正確答案。

```
     1012
  ×  1016
  -------
  1028192
  ┊┊┊┊┊┊┊
  1 ← 首位皆爲 1
   028 ← 12+16
      192 ← 12×16
```

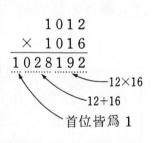

與前題做法相同，例題$\boxed{2}$也是先寫出 14 × 19 的三位數，再將 14 ＋ 19 的答案列於下三位數的位置，

最後再寫上1，便是本題的正確答案。

```
   1014
×  1019
-------
1033266
```

1033266 的數位標示：首位皆為1；14+19；14×19

本例題所根據的理由，乃是將下二位的數都看成是A、B，千位是1，百位是0，因此，這兩個數就可以寫成是

$$1000+A、1000+B$$

，而二數的乘積則為：

$$(1000+A)(1000+B)$$
$$=1000000+(A+B)\times1000+AB$$

這就是本速算所根據的原理。

練習問題 17

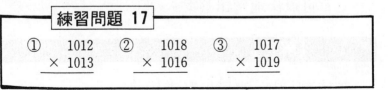

① $\begin{array}{r} 1012 \\ \times\ 1013 \\ \hline \end{array}$　② $\begin{array}{r} 1018 \\ \times\ 1016 \\ \hline \end{array}$　③ $\begin{array}{r} 1017 \\ \times\ 1019 \\ \hline \end{array}$

〔問題 18〕

十位數為2的數與十位數為1的數之乘法

$$\boxed{1}\quad \begin{array}{r} 17 \\ \times\ 24 \\ \hline \end{array} \qquad \boxed{2}\quad \begin{array}{r} 28 \\ \times\ 16 \\ \hline \end{array}$$

說明：此類型同爲二位數的乘法運算，當一個數的十位數爲2，另一個數的十位數爲1時，只要將〔問題13〕的方法稍做修改一下，便可將積很簡單地求出。而且這個修改的方法也十分的容易。經由這個速算法的運用，即使只用心算，都可很快地解出答案。

〔解答〕

在例題$\boxed{1}$中，24可以寫成是

$$24＝14＋10$$

所以

$$\begin{aligned} 17\times 24 &= 17\times(14+10) \\ &= 17\times 14+17\times 10 \end{aligned}$$

$$\begin{array}{r} 17 \\ \times\ 24 \\ \hline 238 \\ +\ 17 \\ \hline 408 \end{array} \quad \leftarrow 17\times 14 \text{（指 238）}$$

整道式子也可看做是：17 × 14 ＋ 170 。而右邊的算式就是使用速算的方法，而 17 × 14 的運算，可使

用〔問題 13〕的方法。

例題[2]也是使用相同的方法，將 28 當成是：

$$28 = 18 + 10$$

所以

$$28 \times 16 = (18 + 10) \times 16$$
$$= 18 \times 16 + 10 \times 16$$

因此整個算式可看做是 18 × 16 ＋ 160 。而右邊的算式，就是使用速算的方法。而 18 × 16 的積，可像右邊所示的算法，再加上 160 ，便是所求的答案，也可省掉不少計算的時間。例題[1]中的 17 × 24 的乘法運算，也可利用相同的方法來求答。

$$\begin{array}{r} 28 \\ \times\ 16 \\ \hline 288 \\ \hline 448 \end{array} \quad \leftarrow 18 \times 16$$

練習問題 18

① $\begin{array}{r} 13 \\ \times\ 29 \\ \hline \end{array}$　② $\begin{array}{r} 17 \\ \times\ 27 \\ \hline \end{array}$　③ $\begin{array}{r} 29 \\ \times\ 16 \\ \hline \end{array}$

〔問題 19〕

一個百、十位數皆為1的數，與十位為1的數之乘法

$$\boxed{1}\quad \begin{array}{r} 13 \\ \times\ 116 \\ \hline \end{array} \qquad \boxed{2}\quad \begin{array}{r} 117 \\ \times\ 18 \\ \hline \end{array}$$

說明：這種三位數與二位數的乘法，當其中的三位數之百位數、十位數皆爲1，而二位數的十位爲1時，可使用〔問題13〕中的方法，並且再加上部分〔問題18〕的方式，便可很快地解出答案。

〔解答〕

例題$\boxed{1}$中，116可看做是

$$116 = 16 + 100$$

所以

$$13 \times 116 = 13 \times (16 + 100)$$
$$= 13 \times 16 + 13 \times 100$$

把13×16再加上1300，便是所求的答案。假如乘法的順序是116×13時，便可利用右式的算法，在此式中使用〔問題13〕的方法，將16

$$\begin{array}{r} 116 \\ \times\ 13 \\ \hline 208 \\ \hline 1508 \end{array} \quad \leftarrow 16\times 13$$

×13，在答案的右下方寫下，再加上13，便是答案。

例題[2]也是使用相同的原理，將17 ×18再加上1800，便可求出。或將17 ×18的答案寫在右下方二位處，再加上18，便是答案。

$$\begin{array}{r} 117 \\ \times\ 18 \\ \hline 306 \\ \hline 2106 \end{array} \quad \leftarrow 17\times18$$

像此類速算法，等於是再利用上一個數來做運算，在速算法中經常出現的例子。

練習問題 19

① $\begin{array}{r} 12 \\ \times\ 113 \\ \hline \end{array}$　② $\begin{array}{r} 115 \\ \times\ 14 \\ \hline \end{array}$　③ $\begin{array}{r} 119 \\ \times\ 16 \\ \hline \end{array}$

〔問題 20〕

個位數皆為 1 的二數相乘

$$\boxed{1}\quad \begin{array}{r} 21 \\ \times\ 61 \\ \hline \end{array} \qquad \boxed{2}\quad \begin{array}{r} 41 \\ \times\ 91 \\ \hline \end{array}$$

說明：由於二個數的個位數都爲 1 ，因此此二數相乘，無論如何，都會保持個位爲 1 的結果。因此，這就與〔問題13 〕，將十位數與個位數位置互調，做法完全相同了。使用這個原理來速算，即使只用心算，也可很快地算出答案。

〔解答〕

例題1中，首先先將個位的 1 寫下，然後再將 2 ＋6 的答案，寫在第二位，由於其和只有一位，在它的旁邊，再寫下 2 × 6 的答案，這便是本題的正確答案了。

$$\begin{array}{r} 21 \\ \times\ 61 \\ \hline 1281 \end{array}$$

末位皆爲 1

2＋6

2×6

假題2中，首先先將個位的 1 寫下，然後再接著寫下 4 ＋ 9 的和，但因和爲二位數，所以要在下一行的左邊一位，才寫下 4 × 9 的積

$$\begin{array}{r} 41 \\ \times\ 91 \\ \hline 131 \\ 36 \\ \hline 3731 \end{array}$$

末位皆爲 1

4＋9

4×9

。將二行加起來，就是答案。

本題所依據的理由如下：

將十位的數字，分別當成a、b，因此二數寫爲：

$$10a+1、10b+1$$

二數的積爲：

$$(10a+1)(10b+1)$$
$$=100ab+10(a+b)+1$$
$$=ab\times100+(a+b)\times10+1$$

這就是本題的速算法。

練習問題 20

① $\begin{array}{r} 21 \\ \times\ 31 \\ \hline \end{array}$　② $\begin{array}{r} 81 \\ \times\ 61 \\ \hline \end{array}$　③ $\begin{array}{r} 71 \\ \times\ 91 \\ \hline \end{array}$

〔問題 21〕

以 10 開頭的二數之三位法推廣

$$\boxed{1}\quad \begin{array}{r} 131 \\ \times\ 12 \\ \hline \end{array} \qquad \boxed{2}\quad \begin{array}{r} 17 \\ \times\ 162 \\ \hline \end{array}$$

說明：當在做三位數與二位數相乘時，假如三位數的個數只有一個的話，就是〔問題 13〕所用的方法，將兩個以 1 開頭的數連乘起來，但亦可用〔問題 19〕的方法，再予以適度修正來做，相信會更得心應手。

〔解答〕

例題$\boxed{1}$中，131 要當作是

$$131 = 130 + 1$$

所以

$$131 \times 12 = (130 + 1) \times 12$$
$$= 130 \times 12 + 12$$

這也就是把 130 × 12 再加上 12 的做法，而 130 × 12 用〔問題 13〕的方法來算這道乘法，答案請寫於第一位的位子上，並將最右邊一位空下來，

$$\begin{array}{r} 131 \\ \times\ 12 \\ \hline 156 \\ \hline 1572 \end{array} \quad \leftarrow 13 \times 12$$

最後再加上12，便是所求的答。

例題[2]中，162要當作是

$$162 = 160 + 2$$

，然後把 17 × 160 再加上 17 × 2，即是所求的答案。在做答的過程中，先將17×2的答寫在第一行的二位上，然後再將 17 × 16 的答案，放在第二行左移一位的位置上，最後把二者相加，就是所求的答案。像此類的題目，其三位數的部分，個位爲1 或2，都很容易就可以解出答案。

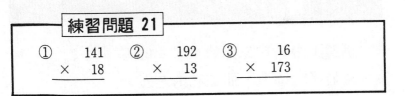

$$\begin{array}{r} 17 \\ \times\ 162 \\ \hline 34 \\ 272 \\ \hline 2754 \end{array} \quad \begin{array}{l} \\ \\ \leftarrow 17\times 2 \\ \leftarrow 17\times 16 \\ \\ \end{array}$$

練習問題 21

① $\begin{array}{r} 141 \\ \times\ 18 \\ \hline \end{array}$　② $\begin{array}{r} 192 \\ \times\ 13 \\ \hline \end{array}$　③ $\begin{array}{r} 16 \\ \times\ 173 \\ \hline \end{array}$

〔問題　22〕

十位數字相同，個位數的和為10之二數乘法

1　$\begin{array}{r} 36 \\ \times\ 34 \\ \hline \end{array}$　　2　$\begin{array}{r} 72 \\ \times\ 78 \\ \hline \end{array}$

說明： 首先，可以先用普通乘法的方式來運算，並且在答案中，會發現一些令人驚訝的原則。因爲在這兩位數字的乘法中，可將它分解成一位數的計算，如此一來，繁複的數字，自可經由速算，而變成簡易的計算。

〔解答〕

例題1中，首先先將6 × 4的答案，寫於後二位上，而在它的左邊，再寫上3 × 4的答案，而這也正是本題的正確答案了。在計算中，3 × 4式中的4，正好也是3 + 1，所以可用這種方式來運算。

$$\begin{array}{r} 36 \\ \times\ 34 \\ \hline 1224 \end{array}$$

12 ← 3×4　　24 ← 6×4

例題2中，也是首先先將2 × 8的答案，寫於末二位上，然後在它的左方，再寫下7 × 8的答案，於是正

$$\begin{array}{r} 72 \\ \times\ 78 \\ \hline 5616 \end{array}$$

56 ← 7×8　　16 ← 2×8

確的答案很輕易地便可計算出來了。

本題所依據的原理如下：

將它二個數的十位數，都設成a，而個位數分別設爲b、c二數，於是二數可寫爲：

$$10a+b、10a+c$$

它們的積爲：

$$(10a+b)(10a+c)$$
$$=100a^2+10a(b+c)+bc$$

再由於$b+c=10$，因此原式可寫成：

$$100a^2+100a+bc$$
$$=a(a+1)\times100+bc$$

這也就是我們將答案的末二位數，用b與c的積來表示，而上二位數，用a與$a+1$的積來表示的原因所在。

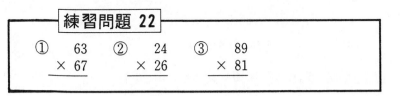

練習問題 22

① $\begin{array}{r} 63 \\ \times\ 67 \\ \hline \end{array}$　② $\begin{array}{r} 24 \\ \times\ 26 \\ \hline \end{array}$　③ $\begin{array}{r} 89 \\ \times\ 81 \\ \hline \end{array}$

〔問題 23〕

十位數相同，而個位數和為 11 之二數的乘法

$$\boxed{1}\quad \begin{array}{r} 67 \\ \times\ 64 \\ \hline \end{array} \qquad \boxed{2}\quad \begin{array}{r} 85 \\ \times\ 86 \\ \hline \end{array}$$

說明：雖然十位數皆爲相同的數，但因個位數的和不爲 **10**，多了 **1** 爲 **11**，所以不能使用〔問題**22**〕中所使用的方法，必須做少許的修正，但是這個修正的方法仍是相當地簡單。

〔解答〕

例題1中，**67**可以寫成是：

$$67 = 66 + 1$$

所以原式變成：

$$67 \times 64 = (66 + 1) \times 64$$
$$= 66 \times 64 + 64$$

也就是先做出 **66** × **64** 之後，再加上**64**就是所求的答案。因此前半部分就可利用〔問題**22**〕的方法，算出右邊的速算式後，再加上**64**即可。

$$\begin{array}{r} 67 \\ \times\ 64 \\ \hline 4224 \\ \hline 4288 \end{array} \quad \begin{array}{l} \\ \\ \leftarrow 66 \times 64 \\ \\ \end{array}$$

而例題2中，也是利用相同的原

理，將85看做是：

$$85 = 84 + 1$$

，再以 84 × 86 ，最後加上86，便是所求的答案。

$$\begin{array}{r} 85 \\ \times\ 86 \\ \hline 7224 \\ \hline 7310 \end{array} \leftarrow 84 \times 86$$

由以上的類題可看出，當個位數的和為11時，而十位數又正巧為相同的數字，其乘法是相當易解的。

又，利用此速算法來處理86時：

$$86 = 85 + 1$$

像本題只要用 85 × 85 ，再加上85，便是正確答案了。但在這裡， 85 與 86 所排列的順序不可混淆，不可使用本來那個85，這也就是本部分速算法要特別注意的地方。

練習問題 23

① $\begin{array}{r} 38 \\ \times\ 33 \\ \hline \end{array}$　② $\begin{array}{r} 72 \\ \times\ 79 \\ \hline \end{array}$　③ $\begin{array}{r} 94 \\ \times\ 97 \\ \hline \end{array}$

〔問題 24〕

十位數相同，而個位數的和為 9 之二數相乘

[1]	$\begin{array}{r} 35 \\ \times\ 34 \\ \hline \end{array}$	[2]	$\begin{array}{r} 87 \\ \times\ 82 \\ \hline \end{array}$

說明： 這類型十位數字相同，而個位數字的和爲 9 的乘法，正好與前〔問題23〕中，個位數字的和爲11的乘法，做法相反。由於是比10少 1 ，因此只要針對這點，將原做法再修正一番，便可得到很好的方法了。

〔解答〕

由於 34 ＝ 35 － 1 ，所以原式可以寫成：

$$35\times34=35\times(35-1)$$
$$=35\times35-35$$

先將 35 × 35 計算出，最後再減去35，便是答案。右邊的式子就是本題的速算法。而 35 × 35 的乘法，可利用〔問題22〕中所使用的方法來解，因爲最後還要再減去一個35，不要單用前面列出的35減而已，最好是在

$$\begin{array}{r} 35 \\ \times\ 34 \\ \hline 1225 \\ -\ 35 \\ \hline 1190 \end{array} \quad \begin{array}{l} \\ \\ \leftarrow 35\times35 \\ \\ \\ \end{array}$$

式子中再寫一遍比較明白。

例題[2]中，也是使用相同的原理，將 82 看做是 82 ＝ 83 － 1 ，而以87 × 83 ，最後再減去 87 ，即是要求的答案。

```
   87
 × 82
 ----
 7221  ←87×83
 - 87
 ----
 7134
```

此外， 87 也可看作是 88 － 1 ，因此亦可用 88 × 82 ，再減去82，一樣是所求的答案。

無論用哪一個方式，相信都可很容易地算出本問題。

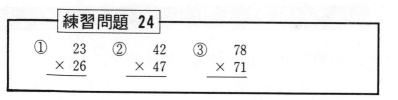

練習問題 24

①	②	③
23 × 26	42 × 47	78 × 71

〔問題　25〕

十位數相差1，而個位數的和為10之二數相乘

$$\boxed{1}\quad \begin{array}{r} 43 \\ \times\ 37 \\ \hline \end{array} \qquad \boxed{2}\quad \begin{array}{r} 88 \\ \times\ 92 \\ \hline \end{array}$$

說明：雖然個位數相加的和爲10，但十位數不相同，因此不能用前面所用的方法來做。但是這種類型的題目，仔細想過，仍可發現與〔問題23〕與〔問題24〕相同之處，因此，只要經過少許的修正，仍可使用〔問題22〕的方法來解題。

〔解答〕

例題$\boxed{1}$中，由於43可以看做是

$$43 = 33 + 10$$

因此可寫成：

$$\begin{aligned} 43 \times 37 &= (33 + 10) \times 37 \\ &= 33 \times 37 + 10 \times 37 \end{aligned}$$

我們只要將33 × 37，再加上370，便可求出本題的答案。而33 × 37的乘法計算，則是用〔問題22〕的方法來解出的。我們可以在答

$$\begin{array}{r} 43 \\ \times\ 37 \\ \hline 1221 \\ \hline 1591 \end{array} \quad \begin{array}{l} \\ \\ \leftarrow 33 \times 37 \\ \\ \end{array}$$

案 1221 的下一行第二位開始之處，加上 37 ，便是本題的正確答案。

例題[2]中，也是使用相同的方法，將 92 看成是：

$$92=82+10$$

因此我們只要用 88 × 82 後，再加上 880 ，便是所求之答案。直式如右式所示，先用 92 × 88 ，再在第二行相同的位置上加上 88，便是正確答案了。

$$\begin{array}{r} 92 \\ \times\ 88 \\ \hline 7216 \\ 88 \\ \hline 8096 \end{array} \quad \leftarrow 82\times 88$$

使用以上的方法，特別是針對那些大數字的計算，可以節省相當多的時間。

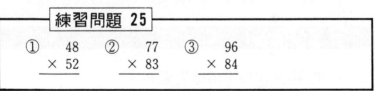

練習問題 25

① $\begin{array}{r} 48 \\ \times\ 52 \\ \hline \end{array}$　② $\begin{array}{r} 77 \\ \times\ 83 \\ \hline \end{array}$　③ $\begin{array}{r} 96 \\ \times\ 84 \\ \hline \end{array}$

〔問題 26〕

十位數相同，而個位數和為10的三位數相乘

$$\boxed{1}\quad \begin{array}{r} 27 \\ \times\ 123 \\ \hline \end{array} \qquad \boxed{2}\quad \begin{array}{r} 941 \\ \times\ \ 96 \\ \hline \end{array}$$

說明：像此類二位數與三位數的乘法，例題1的類型，可以採用〔問題22〕的方式來解答。而例題2這種類型，則用以將個位數的個位分開，再以〔問題22〕的方式來解答。因此，當碰上此類的題目，都只需將〔問題22〕的解題方式略做修改，就可以使用了。

〔解答〕

例題1中，123 可以看做是：

$$123=23+100$$

所以本題可以寫成：

$$\begin{aligned} 27\times123&=27\times(23+100)\\ &=27\times23+27\times100 \end{aligned}$$

也就是用 27 × 23，再加上2700便是所求的答案。而當 27 × 23 的乘法運算時，就用〔問題22〕的方法來計算。另外，在直式計算時，先寫下123×27，將23

×27的答案寫在第一行右移二位的位置上，最後再加上27，便是正確答案。

```
   123
×  27
   621  ←23×27
  3321
```

例題[2]中，941可看作是：

941＝940＋1

所以用940×96，再加上96，便是本題答案。而940×96的乘法，可以用〔問題22〕的方法來運算。

```
   941
×   96
  9024  ←94×96
 90336
```

此外，本題的速算方法，也是在最後加上96，來速求答案的。

除了像以上這些題目之外，仍有不少題型是運用「十位數字相同，而個位數字之和爲10的二數相乘法」來做的。

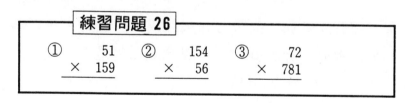

練習問題 26

① 51×159　② 154×56　③ 72×781

〔問題 27〕

百位數為1，十位數相同，而個位和為10之兩數相乘

1	134 × 136	2	187 × 183

說明：像此類三位數與三位數的乘法，無論哪一個的百位數爲1時，都可以使用〔問題22〕的方式來解答。而剩下的11到19二個數之相乘法，可以配合〔問題13〕的方法來計算，所以本類型的題目，要同時配合使用2個方法來求其答案。

〔解答〕

將百位數與十位數合起來計成二位數的A，再將其個位數分別計成b、c，因此此二數是：

$$10A+b、10A+c$$

而二數的積，我們也可求出爲：

$$\begin{aligned}(10A+b)(10A+c)&=100A^2+10A(b+c)+bc\\&=100A^2+100A+bc\\&=A(A+1)\times100+bc\end{aligned}$$

在式子中，我們也利用了 b＋c＝10的原理，將式子化簡。

在例題[1]中，首先算出 4 × 6 的答案，並寫下這二位數，然後在它的左邊，再記下 13 × 14 的答案，而在做 13 × 14 的乘法運算時，別忘了使用〔問題13〕的方法。

$$\begin{array}{r} 134 \\ \times\ 136 \\ \hline 18224 \end{array}$$

182 ← 13×14，24 ← 4×6

例題[2]中，也是採用相同的方法，首先算出 7 × 3 的答案，再在它的左邊寫下 18 × 19 的答案。

$$\begin{array}{r} 187 \\ \times\ 183 \\ \hline 34221 \end{array}$$

342 ← 18×19，21 ← 7×3

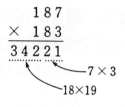

當你採用了本問題的方法後，將會發現三位數字的乘法運算，在轉瞬之間就可求出答案，將計算變成相當愉快的一件事。

練習問題 27

① $\begin{array}{r} 112 \\ \times\ 118 \\ \hline \end{array}$　② $\begin{array}{r} 147 \\ \times\ 143 \\ \hline \end{array}$　③ $\begin{array}{r} 174 \\ \times\ 176 \\ \hline \end{array}$

〔問題　28〕

個位數相同，而十位數之和為10的二數相乘

$$\boxed{1}\quad \begin{array}{r} 63 \\ \times\ 43 \\ \hline \end{array} \qquad \boxed{2}\quad \begin{array}{r} 87 \\ \times\ 27 \\ \hline \end{array}$$

說明：將本問題的個位與十位之關係互調之後，就可發現與〔問題22〕所用的方式相同。因此，在解本問題時，只要將速算的內容略做改變，大致上而言，仍是採用相同的原理。所以，我們只要找個普通的數字計算一下，就可以發現本題的特徵所在了。

〔解答〕

在例題1中，首先先將 3 × 3 的答案，寫在最後面的二位上，然後再求出 6 × 4 再加 3 的答，記在它的左邊，這便是本乘法所求的答案。

$$\begin{array}{r} 63 \\ \times\ 43 \\ \hline 2709 \end{array}$$

27 ← 6 × 4 + 3
09 ← 3 × 3

例題2中，也是使用相同的做法，首先將 7 × 7 的答案，寫在最後二位上，然後在它的左邊，再記上 8 × 2 ＋ 7 的答案，而這一個完整的答，便是本題乘

法所求的正確答案。

本問題所根據的理由如下：

將個位都設爲 a，十位數則分別列爲 b 與 c，所以這兩個數就可以寫成是：

$$
\begin{array}{r} 87 \\ \times\ 27 \\ \hline 2349 \end{array}
$$

23 ← 8×2＋7

49 ← 7×7

$$10b+a、10c+a$$

而此二數的乘積，則爲：

$$
\begin{aligned}
&(10b+a)(10c+a) \\
&=100bc+10(b+c)a+a^2 \\
&=100bc+100a+a^2 \\
&=(bc+a)\times 100+a^2
\end{aligned}
$$

本原理中，也是將 b＋c＝10 代入，而來簡化計算的過程。

練習問題 28

① $\begin{array}{r} 36 \\ \times\ 76 \\ \hline \end{array}$　② $\begin{array}{r} 44 \\ \times\ 64 \\ \hline \end{array}$　③ $\begin{array}{r} 98 \\ \times\ 18 \\ \hline \end{array}$

〔問題 29〕

個位數字相同，而十位數字和為11的數相乘

$$\boxed{1}\quad \begin{array}{r} 46 \\ \times\ 76 \\ \hline \end{array} \qquad \boxed{2}\quad \begin{array}{r} 37 \\ \times\ 87 \\ \hline \end{array}$$

說明：雖然個位數字都相同，但十位數字可惜不爲10，正巧爲了1爲11，因此，如果要使用〔問題28〕的方法來解題時，就必須先做少許的修正，而這修正要由何處著手，相信聰明的你應早就想到了吧?!

〔解答〕

在例題$\boxed{1}$中，先將46看做是：

$$46=36+10$$

所以原式可以寫成：

$$\begin{aligned} 46\times76 &= (36+10)\times76 \\ &= 36\times76+10\times76 \end{aligned}$$

$$\begin{array}{r} 46 \\ \times\ 76 \\ \hline 2736 \\ \hline 3496 \end{array} \quad \leftarrow 36\times76$$

我們只要求出36 × 76後，再加上760便是所求之答案。在右式的速算法中，36 × 76的乘法運算，採用〔問題28〕的方法來計算，答案

先寫在第一行的右邊，最後，我們只要對齊式子，再加上76，便是正確答案了。

例題②中，也是採用相同的方法。37看成是：

$$37=27+10$$

然後再用27×87，再加上870便解出。

也可利用直式來求，先用27×87，將答案寫在右移一位的位置上，最後，對齊式子，再加上87，便是正確答案。

```
   37
 × 87
 2349
 3219
```

本單元所依據的方法，仍是與〔問題23〕完全相同的原理，只是個位與十位的位置相互對調了一下，想法仍完全相同。

練習問題 29

①	②	③
33 × 83	97 × 27	54 × 64

〔問題 30〕

個位數字相同，而十位數之和為9之二數相乘

$$\boxed{1}\quad \begin{array}{r} 38 \\ \times\ 68 \\ \hline \end{array} \qquad \boxed{2}\quad \begin{array}{r} 29 \\ \times\ 79 \\ \hline \end{array}$$

說明：個位數字都相同，而十位數字之和爲9，正巧與〔問題29〕所提的十位數之和爲11，與10的關係都差1。因此，可將〔問題29〕所使用的方法，略做修正來解題。

〔解答〕

在例題1中，38可看做是

$$38=48-10$$

因此原式可以寫成是：

$$\begin{aligned} 38\times 68 &= (48-10)\times 68 \\ &= 48\times 68-10\times 68 \end{aligned}$$

而這也是將48 × 68之後，再減去680即是所求的答案。在右式的運算中，其48 × 68的乘法運算，可以使用〔問題28〕的方法來計算。

$$\begin{array}{r} 38 \\ \times\ 68 \\ \hline 3264 \\ -\ \ 68\ \ \\ \hline 2584 \end{array} \quad \leftarrow 48\times 68$$

例題2中，也是採用相同的方

法，29 可看成是 29 ＝ 39 － 10 ，所以本題只要以 39 × 79 後，再減去 790 ，即是所求的答案。在右式的速算中，在減 790 時，只要在答案的左移一位處寫下79即可，個位數字的 0 並沒有必要再寫。

$$
\begin{array}{rl}
29 & \\
\times\ 79 & \\
\hline
3081 & \leftarrow 39\times79 \\
-\ 79 & \\
\hline
2291 &
\end{array}
$$

因此，由以上的例子可看出，關於節省時間方面，可以說是速算法中相當重要的原則。

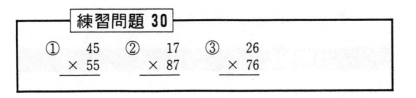

練習問題 30

① $\begin{array}{r} 45 \\ \times\ 55 \\ \hline \end{array}$　② $\begin{array}{r} 17 \\ \times\ 87 \\ \hline \end{array}$　③ $\begin{array}{r} 26 \\ \times\ 76 \\ \hline \end{array}$

〔問題 31〕

個位數字差1，而十位數字之和為10的二數相乘

$$\boxed{1}\quad \begin{array}{r} 34 \\ \times\ 73 \\ \hline \end{array} \qquad \boxed{2}\quad \begin{array}{r} 49 \\ \times\ 68 \\ \hline \end{array}$$

說明：雖然十位數字和爲10，只可惜個位數字都差1，但是我們只要將〔問題28〕的方法略加修正一下即可。而本問題正巧也與〔問題25〕中，其十位與個位之關係的互換相同。

〔解答〕

在例題$\boxed{1}$中，34可看做是

$$34=33+1$$

所以原式可寫成：

$$\begin{aligned} 34\times 73 &= (33+1)\times 73 \\ &= 33\times 73+73 \end{aligned}$$

因此只要將33×73的乘法，再加上73便是答案，而33×73的乘法，可利用〔問題28〕的方法來解出。而在加73時，直接加上73即可。

$$\begin{array}{r} 34 \\ \times\ 73 \\ \hline 2409 \\ \hline 2482 \end{array} \quad \leftarrow 33\times 73$$

例題$\boxed{2}$中，與前面所使用的方式

相同，49可看做是：

$$49=48+1$$

所以本題用 48 × 68，再加上 68 即是答案。假如本題最後再加上68的話，就等於是使用右式的速算來解題，此時雖然式子上是寫著 49 × 68，但實際上應照著 68 × 49 的順序來計算才對。

$$\begin{array}{r} 49 \\ \times\ 68 \\ \hline 3264 \\ \hline 3332 \end{array} \quad \leftarrow 48\times68$$

練習問題 31

① $\begin{array}{r} 86 \\ \times\ 27 \\ \hline \end{array}$　② $\begin{array}{r} 32 \\ \times\ 71 \\ \hline \end{array}$　③ $\begin{array}{r} 56 \\ \times\ 57 \\ \hline \end{array}$

〔問題　32〕

個位數字相同，十位數字的和為10之三位數相乘

$$\boxed{1}\quad \begin{array}{r} 72 \\ \times\ 232 \\ \hline \end{array} \qquad \boxed{2}\quad \begin{array}{r} 491 \\ \times\ 69 \\ \hline \end{array}$$

說明：當在做二位數與三位數的乘法運算時，特別是例題1這種類型的題目，可以用〔問題28〕的方法來計算。但是如果像是例題2這種類型的數字時，雖然仍可運用〔問題28〕相同的乘法原理，但需要略作修改，方能達到速算的目的。

〔解答〕

在例題1中，232可以分解爲：

$$232=32+200$$

所以原式可以寫成是：

$$\begin{aligned} 72\times 232 &= 72\times(32+200) \\ &= 72\times 32+72\times 200 \end{aligned}$$

因此只要將72×32，再加上72×200，即是本題答案，而72×32的運算，可以用〔問題28〕的方法

$$\begin{array}{r} 72 \\ \times\ 232 \\ \hline 2304 \\ 144\ \ \\ \hline 16704 \end{array} \quad \leftarrow 72\times 32$$

求出。

此外，72×200 的乘法運算，可以用 72×2 的算法，再將答案寫於左移二位的位置上，再相加即可。

在例題[2]中，可以將 491 分解為：

491＝490＋1

再以 490×69，再加上 69 即是所求的答案。

```
   491
 ×  69
  3381   ←49×69
 33879
```

當在做 490×69 的乘法運算時，可以使用〔問題28〕的方法，並且只要計算 49×69 的答案，將它寫於左移一位的位置，最後再加上69即可。

練習問題 32

① 23×183　② 264×44　③ 27×871

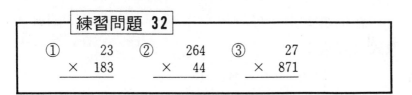

〔問題　33〕

25 的乘法

$$\boxed{1}\quad \begin{array}{r} 1234 \\ \times \quad 5 \\ \hline \end{array} \qquad \boxed{2}\quad \begin{array}{r} 7654 \\ \times \quad 25 \\ \hline \end{array}$$

說明：在乘法運算中，5與25要以特殊的方法運算。因爲5的2倍是10，25的4倍是100，所以要儘量湊成其倍數來計算。如果能利用這個原理，速算將成爲您得心應手的工具。

〔解答〕

在例題$\boxed{1}$中，可利用 $5 = 10 \div 2$ 的式子，因此，原式可寫成：

$$\begin{aligned} 1234 \times 5 &= 1234 \times (10 \div 2) \\ &= 12340 \div 2 \end{aligned}$$

當要做1234的10倍除以2的計算時，直接利用右式，即可速算出答案。

$$\begin{array}{r} 6170 \\ 2\overline{)12340} \end{array}$$

因此，當一個數字乘5的倍數時，直接以此數乘以10倍，再除以2，便可很簡單易解地算出答案。

在例題$\boxed{2}$中，可利用 $25 = 100 \div 4$ 的式子，因此

，原式可以寫成：

$$7654 \times 25 = 7654 \times (100 \div 4)$$
$$= 765400 \div 4$$

而7654的100倍再除以4時，可直接利用右式速算出。

$$4 \overline{)765400}$$
191350

在此類乘數爲二位數的乘法運算中，直接以25，並不會比除以4的方法來得容易。

練習問題 33

①	②	③
792×5	857×25	3276×25

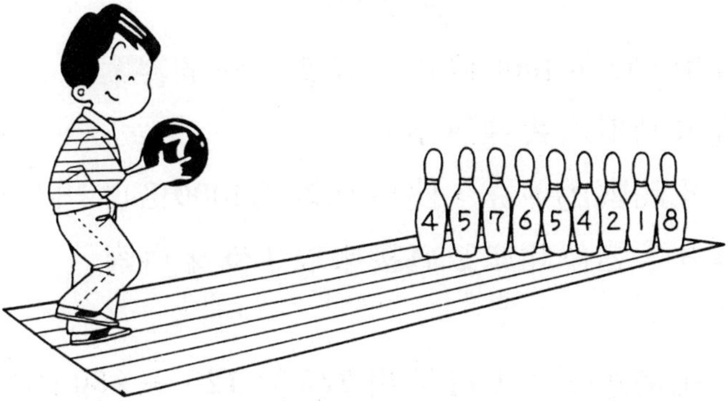

〔問題　34〕

125 、 375的乘法運算

1　532 × 125	2　254 × 375

說明：由於125是25的5倍，只要將它再乘上8倍，就成爲1000。此外，375是125再加上250，因此只要利用這些性質，便可利用與〔問題33〕相類似的手法速算出答案。

〔解答〕

在例題1中，可利用125＝1000÷8的式子，而將原式寫成：

$$532\times125=532\times(1000\div8)$$
$$=532000\div8$$

所以用532的1000倍再除以8，便是答案，且可利用右式速算出。

$$8\overline{)532000}\quad 66500$$

像此數的運算，使用此數的1000倍再除以8，當然此原數直接乘以125來得容易多了。

在例題2中，可利用375＝125＋250的式子，並且以 254 的1000 倍再除以 8，將答案寫在式子中的第一行，然後再用 254 的 100 倍除以 4，寫在答案第二行左移一位的位置上，將二行的答案相加，便是本題速算的方法。

```
     254
  ×  375
  ------
   31750   ←254000÷8
   6350    ← 25400÷4
  ------
   95250
```

因此，像此類乘以 375 倍的速算法，以 275 倍及 675 倍爲乘數，皆可使用相同的方法來解題。

練習問題 34

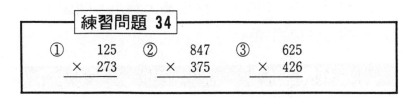

```
①    125     ②    847     ③    625
  ×  273       ×  375       ×  426
  ------       ------       ------
```

〔問題 35〕

乘數與25近的乘法

1	$\begin{array}{r} 732 \\ \times\ \ 24 \\ \hline \end{array}$	2	$\begin{array}{r} 2648 \\ \times\ \ 26 \\ \hline \end{array}$

說明：此類與25相近的數，例如24與26之類的數，如果您的心算能力很強的話，甚至還可以做23與27的數。因爲在此類數字做乘法運算時，可使用將與25的差做修正後，利用〔問題33〕的方法來解題。

〔解答〕

例題1中，可將24看成是：

$$24=25-1$$

於是原式可寫成：

$$\begin{aligned} 732\times24 &= 732\times(25-1) \\ &= 732\times25-732 \end{aligned}$$

因此，只要將732×25，再減去732，便可求出答案，而732×25的乘法運算，可使用〔問題33〕的方法來解答。

$$\begin{array}{r} 732 \\ \times\ \ 24 \\ \hline 18300 \\ -\ \ 732 \\ \hline 17568 \end{array}\quad \leftarrow 732\times25 \text{ (指 18300)}$$

例題[2]中，也是使用相同的方法，將26可看成是：

26＝25＋1

於是只要將2648×25，再加上2648，便是所求的答案。在直式運算中，要寫成26×2648，並且在最後再加上2648的數字。如右式，便是本題的運算方式。

```
     26
 × 2648
 ------
  66200  ←25×2648
 ------
  68848
```

另外，當在做某數乘以27倍的運算時，將27看做是：

27＝25＋2

再用與以上相同的方式計算。

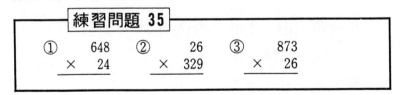

練習問題 35

```
①    648     ②     26     ③    873
  ×   24       ×  329       ×   26
  ------       ------       ------
```

〔問題 36〕

與 125 數字相近的乘法運算

$$\boxed{1}\quad \begin{array}{r} 632 \\ \times\ 126 \\ \hline \end{array} \qquad \boxed{2}\quad \begin{array}{r} 829 \\ \times\ 135 \\ \hline \end{array}$$

說明：當在做此類與 125 數字相近的乘法運算時，例如 124 與 126 ，甚至是其十位數字差 1 的 115 及 135 ，都可以利用與 125 相近的關係，來做本題的速算。因爲此類的乘法，基本上是以 125 倍爲準，再做些許的修正即可。

〔解答〕

在例題$\boxed{1}$中，126 可看做是：

$$126 = 125 + 1$$

因此原式可以寫成是：

$$\begin{aligned} 632\times126 &= 632\times(125+1) \\ &= 632\times125+632 \end{aligned}$$

所以只要將 632 × 125 ，再加上 632 ，即是答案，右式便是本題速算法。

$$\begin{array}{r} 126 \\ \times\ 632 \\ \hline 79000 \\ \hline 79632 \end{array} \quad \leftarrow 632000\div8$$

此外，直式中的乘法順序，

要寫成 126 × 632 ，並且在最後再加上 632 即可。

在例題[2]中，可將 135 分解成爲：

135＝125＋10

所以只要 829 × 125 ，再加上 8290即可。而且其直式運算，要如右式，以 135 × 829 的順序計算，並將 125 × 829 的答案寫於第一行右移一位的位置，然後再加上8290，即是本題的速算法。

```
     135
×    829
────────
  103625   ←829000÷8
────────
  111915
```

練習問題 36

```
①   465    ②   126    ③   547
  × 124      × 892      × 115
  ─────      ─────      ─────
```

〔問題 37〕

二數相同的數字之乘法

1	426 × 33	2	2544 × 88

說明：像此類二數相同之二位數，例如33與88，稱為「並列數」。此時，不請另一個相乘數字是幾位數，都是使用相同的速算。而且只要做過數次此類的題目，便可發現速算的原則。但是像例題1中的題目，並不要利用426×3的答案重複兩次運算來解答。

〔解答〕

在例題1中，首先計算6×3的答案，並將它寫於第一行上。然後，再算（2＋6）×3，並寫在第二行左移一位。接著再以（4＋2）×3的答案，寫在左移二位上。最後算出4×3的答案，寫在再左移一位的位置上。將全部的答案相加，便是本題

```
    426
×    33
-------
     18  ←6×3
    24   ←(2+6)×3
   18    ←(4+2)×3
  12     ←4×3
-------
  14058
```

乘法的正確答案了。

例題2中，也是使用相同的方法，依照4、（4+4）、（5+4）、（2+5）、2的順序，依序乘以8，並將其答案一一地依行寫下，最後全部相加，便是本題乘法的答案。

```
    2544
 ×    88
--------
      32  ←4×8
     64   ←(4+4)×8
    72    ←(5+4)×8
   56     ←(2+5)×8
  16      ←2×8
--------
  223872
```

本問題所依據的原則，以例題1爲例來說，當在做（2＋6）×3的運算時，是將十位的2及個位的3，與個位的6與十位的3同時做乘法運算而成的，這也就是本題速算法的原理所在：

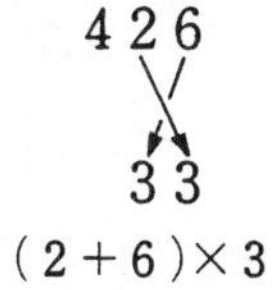

練習問題 37

①	②	③
542 × 77	782 × 44	857 × 66

〔問題 38〕

三位數皆為並列數的乘法運算

$$\boxed{1}\quad \begin{array}{r} 235 \\ \times\ 444 \\ \hline \end{array} \qquad \boxed{2}\quad \begin{array}{r} 2163 \\ \times\ 666 \\ \hline \end{array}$$

說明：像此類並列數的乘法運算，即使是三位數，也是使用相同的原理來計算。但是由於計算上會比較麻煩，相形之下會減低速算的效果。但這對於此類型問題的常識判斷上，仍是相當有力的方法。

〔解答〕

例題[1]中，首先將 5 × 4 的答案，列在第一行的位置。然後再將（ 3 ＋ 5 ）× 4 的答案；列於第二行左移一位的位置上，第三步再將（ 2 ＋ 3 ＋ 5 ）× 4 的答案；寫在第三行左移二位的位置上；第四行再將（ 2 ＋ 3 ）× 4 的答案，寫在第四行左移三位的位置上；第五步用 2 × 4 ，寫在

```
        235
     ×  444
     ------
         20   ←5×4
        32    ←(3+5)×4
       40     ←(2+3+5)×4
      20      ←(2+3)×4
      8       ←2×4
     ------
     104340
```

第五行左移四位的位置上，最後將所有的答案全部加起來，便是所求的正確答案。

在例題[2]中，使用另外一種方法來解題。

首先求出2163×6的乘式答案，因爲這個乘數爲一位數，因此心算即可求出答案。並且將答案寫在第一行最右邊的位置上，而後二位數由於完全相同，只要移動一位，再將三個數字相加，即是所求的答案。

```
     2163
  ×   666
  -------
    12978  ←2163×6
   12978
  12978
  -------
  1440558
```

以上的方法，無論其並列數爲幾位數，都可同樣地解出答案。

練習問題 38

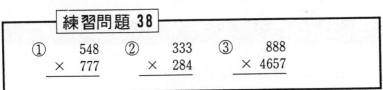

① 548 × 777　② 333 × 284　③ 888 × 4657

〔問題 39〕

與並列數的數字相近之乘法

[1] 352 × 78	[2] 612 × 43

說明：雖然78並不是並列數，但只要減1就是並列數，因此可利用之。此外，43也只要減10就成爲並列數，這樣的方式，乃是本問題的思考重點。像此類與並列數之數字相近的乘法運算，仍要經過少許的修正，就可以使用〔問題37〕與〔問題38〕的方法。

〔解答〕

在例題[1]中，可以將78看成是：

$$78=77+1$$

因此原式可寫爲：

$$352\times78$$
$$=352\times(77+1)$$
$$=352\times77+352$$

```
     78
 ×  352
 ------
     14   ←2×7
    49    ←(5+2)×7
   56     ←(3+5)×7
  21      ←3×7
 ------
  27456
```

將352×77後，再加上352即是答案，而在做352×77時，可使用〔問題37〕的方式計算之。此外，直式運算時若以78×352，最後別忘了再加上352。

在例題②中，43可以看成是：

43＝33＋10

因此原式可用612×33再加上612×10。在做612×33時，可使用〔問題38〕的方法思考之。此時，如果乘法的計算順序寫成43×612的話，最後別忘了再加上612，便是本題的速算法。

```
      43
   × 612
   -----
    1836  ←612×3
   1836
   -----
   26316
```

練習問題 39

① 234 × 67　　② 743 × 98　　③ 1564 × 56

〔問題　40〕

十位數與個位數相加之和為9的乘法運算

$$\boxed{1}\quad \begin{array}{r} 453 \\ \times\ \ 27 \\ \hline \end{array} \qquad \boxed{2}\quad \begin{array}{r} 3086 \\ \times\ \ 54 \\ \hline \end{array}$$

說明： 2＋7的和爲9，5與4的和也爲9。這類十位數與個位數相加之和爲9的二位數相乘法，可使用與並列數的乘法相類似的方法解題。因此我們可以把27看成是30減3，54看成是60減6，再來做以下的運算。

〔解答〕

在例題$\boxed{1}$中，27可看成是：

$$27=30-3$$

因此原式可以寫爲：

$$\begin{aligned} 453\times27&=453\times(30-3) \\ &=453\times30-453\times3 \end{aligned}$$

所以只要將453×30再減去453×3，便是答案。右式爲本題的速算法。此外，當在做本題的減法運算時，只要將453×3的答案，寫在

$$\begin{array}{r} 453 \\ \times\ \ 27 \\ \hline 1359 \\ -\ 1359 \\ \hline 12231 \end{array} \quad \begin{array}{l} \\ \\ \leftarrow 453\times3 \\ \\ \\ \end{array}$$

第一行左移一位的位置上，然後再將相同的數字寫在右下方一位上，二數相減，便是答案。

在例題[2]中，54可看成是：

54＝60－6

因此只要用 3086 × 60，再減去 3086×6即可。直式中，只要將 3086×6的答案寫在第一行左移一位的位置上，相同的答案寫在右下一位上，二者相減，便是正確答案。

$$
\begin{array}{r l}
3086 & \\
\times \quad 54 & \\
\hline
18516 & \leftarrow 3086\times 6 \\
-\ 18516 & \\
\hline
166644 &
\end{array}
$$

使用以上的方法，即使是減法的步驟也是相當易解的。

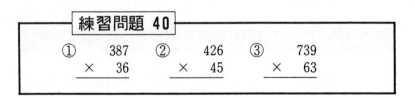

練習問題 40

$$
① \begin{array}{r} 387 \\ \times\ \ 36 \\ \hline \end{array}
\qquad
② \begin{array}{r} 426 \\ \times\ \ 45 \\ \hline \end{array}
\qquad
③ \begin{array}{r} 739 \\ \times\ \ 63 \\ \hline \end{array}
$$

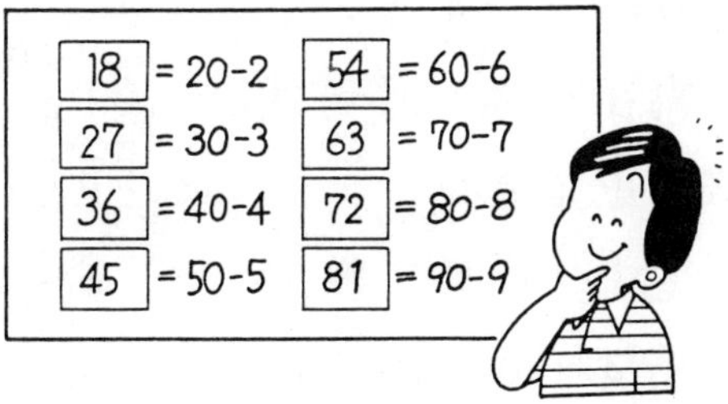

18 = 20-2
54 = 60-6
27 = 30-3
63 = 70-7
36 = 40-4
72 = 80-8
45 = 50-5
81 = 90-9

〔問題 41〕

與100相近的二個數之乘法（ PART 1 ）

$$\boxed{1}\quad \begin{array}{r} 96 \\ \times\ 97 \\ \hline \end{array} \qquad \boxed{2}\quad \begin{array}{r} 103 \\ \times\ 108 \\ \hline \end{array}$$

說明：當您碰上此類與100相近的二數之乘法時，如果您會速算法時，會發現它是多麼的容易。但是如果不使用速算，它可能會讓您大花腦筋。速算的解法，只要花少許的時間即可解題。首先先由此100小的數目來思考，因為使用相同的原理，且比100大的數目易解。在思考的過程中，您將會再一次證明速算的魅力。

〔解答〕

在例題1中，二個乘數分別與100相差4與3，因此首先將4×3的答案，寫在答案的右邊二位上，然後再用100減去（ 4＋3 ），且將答案寫在左邊，而這就是本題乘法的正確答案。

$$\begin{array}{r} 96 \\ \times\ 97 \\ \hline 9312 \end{array}$$

12 ← 4×3
93 ← 100－（4＋3）

在例題2中，由於二數分別與100相差3與8，因此首先將 3 × 8 的答案，寫在右邊二位上，然後再將 100 加上 3 ＋ 8，並將答案寫在左邊，而這就是本題乘法的正確答案。

$$\begin{array}{r} 103 \\ \times\ 108 \\ \hline 11124 \end{array}$$

（111 ← 100＋(3＋8)；24 ← 3 × 8）

本問題所根據的理由如下：

將與 100 相近的二數設為：

$$100+a、100+b$$

因此，二者相乘的積為：

$$\begin{aligned}&(100+a)(100+b)\\&=10000+100(a+b)+ab\\&=\{100+(a+b)\}\times 100+ab\end{aligned}$$

這也就是 ab 設為最右邊的二位數，而 100 ＋(a ＋ b) 為下二位數的原因。但要注意，此時 a 與 b 不可有一數為負數，兩者皆為同號數方可。

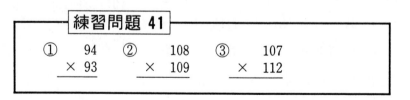

練習問題 41

① $\begin{array}{r} 94 \\ \times\ 93 \\ \hline \end{array}$　② $\begin{array}{r} 108 \\ \times\ 109 \\ \hline \end{array}$　③ $\begin{array}{r} 107 \\ \times\ 112 \\ \hline \end{array}$

〔問題 42〕

與100相近的二個數之乘法（ PART 2 ）

$$\boxed{1}\quad \begin{array}{r} 107 \\ \times\ \ 94 \\ \hline \end{array} \qquad \boxed{2}\quad \begin{array}{r} 92 \\ \times\ \ 106 \\ \hline \end{array}$$

說明：像此類與 100 相近之二數的乘法，當一數比 100 大，而另一數比 100 小時，速算的方法要略作改變。比前面〔問題41〕所用的方式麻煩一些，但仍是屬於相當簡便的方法。

〔解答〕

$$\begin{array}{rl} 107 & \\ \times\ \ 94 & \\ \hline 101\ \ & \leftarrow 100+(7-6) \\ -\ \ 42 & \leftarrow 7\times 6 \\ \hline 10058 & \end{array}$$

在例題[1]中，此二數與100的差分別爲 7 與－6 ，因此，將 7 與－6 的和加上100 ，將答案寫在第一行左移二位的位置上。然後再將7 與－6 相乘，將答案寫在第二行的右邊，二者相加即是答案。由於二數中有一數爲負數，所以實際上是以 7 × 6 的答相減即可。此外， 101 的答案，也可以用 107 直接減 6 而得出。

在例題[2]中，此二數與 100 的差分別爲 －8 與 6

。所以將－8與6的和－2加上100，寫在第一行左移二位的位置上，然後再用8×6的答案寫在第二行，二數相減即是所求的正確答案。

$$
\begin{array}{rl}
92 & \\
\times\ 106 & \\
\hline
98 & \leftarrow 100+(-8+6) \\
-\ 48 & \leftarrow 8\times 6 \\
\hline
9752 &
\end{array}
$$

像此類一個數字比100大，一個比100小的數字，比前面〔問題41〕略爲麻煩一些，但二者所使用的速算背景完全相同。

練習問題 42

①	②	③
94 × 109	89 × 107	113 × 96

〔問題　43〕

百位數字相同，十位數字皆為0的二數乘法

$$\boxed{1}\quad \begin{array}{r} 204 \\ \times\ 208 \\ \hline \end{array} \qquad \boxed{2}\quad \begin{array}{r} 703 \\ \times\ 705 \\ \hline \end{array}$$

說明：在例題$\boxed{1}$中，是百位數字都爲2，十位數字爲0的三位數字之相乘法。而例題$\boxed{2}$，則爲百位數字皆是7，十位數字爲0的運算。像此類三位數相乘的運算，可能無法一下子就看出技巧，因此，先試著用普通的方法計算，再由其答案中看出本題型的性質。

〔解答〕

在例題$\boxed{1}$中，首先算出4×8的答案，並將它寫於第一行右二位，然後再將4＋8，並乘以2倍後，將答案寫於左移二位的位置上，最後以2×2的答案，寫於最左的一位，這便是本題乘法的正確答案。

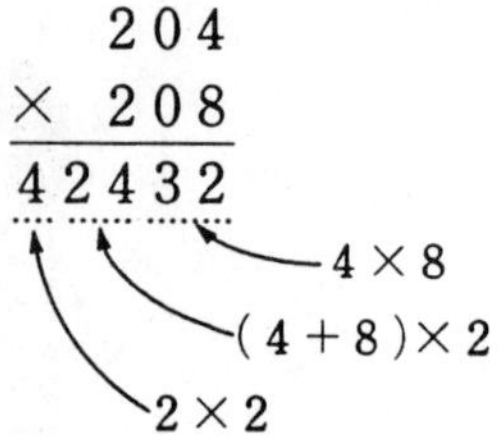

例題$\boxed{2}$中也是使用相同的方式，首先算出3×5的答案

，將它寫在最右二位的位置上，然後再以 3 ＋ 5 乘以 7 倍，將答案寫在左移二位的位置上，最後算出 7 × 7 的答，將它寫在最左的位置上。這便是本題的正確答案。

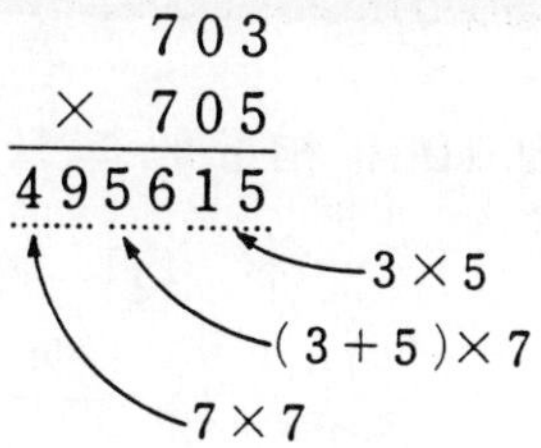

本類型題目依據的理由如下：將百位數都設爲 a，而個位數則分別爲 b 與 c，因此此二數可寫爲：

$$100a + b、100a + c$$

而此二數相乘的積則爲：

$$(100a + b)(100a + c)$$
$$= 10000a^2 + 100a(b + c) + bc$$
$$= a^2 \times 10000 + a(b + c) \times 100 + bc$$

這也就是本速算法所依據的公式。

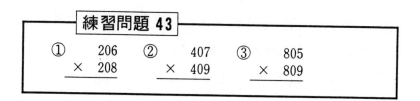

練習問題 43

① $\begin{array}{r} 206 \\ \times\ 208 \\ \hline \end{array}$　② $\begin{array}{r} 407 \\ \times\ 409 \\ \hline \end{array}$　③ $\begin{array}{r} 805 \\ \times\ 809 \\ \hline \end{array}$

〔問題 44〕

與 1000 相近的二數相乘

[1] $\begin{array}{r} 992 \\ \times\ 987 \\ \hline \end{array}$ [2] $\begin{array}{r} 1013 \\ \times\ 1009 \\ \hline \end{array}$

說明：像此類與1000相近的二數相乘法，例題[1]中，是皆比1000小的二數相乘；而例題[2]則是皆比 1000 大的二數相乘，所以使用的方法，與〔問題41〕的方法完全相同。並且即使是高達四位數的乘法運算，也可以瞬間解出答案，實在是相當痛快的事。

〔解答〕

在例題[1]中，由於二數皆比1000小，而且其差分別爲 8 與 13 。首先用 8 × 13 ，將答案寫於右邊三位上，然後再算出 1000－（ 8＋13 ）的答，將它寫於下三位上，而這也就是本題乘式的答案。此外，在左邊三位數的計算時，直接用 992 － 13 則是一個更簡明的方法。

$$\begin{array}{r} 992 \\ \times\ 987 \\ \hline 979104 \end{array}$$

979 ← 1000－(8 +13)

104 ← 8 ×13

在例題②中，由於二數皆比1000大，且其差分別爲13與9，所以首先用13×9，將此三位數寫下，然後再算出1000＋（13＋9），並列於左側四位上，而這就是本題速算乘法的答案。

$$\begin{array}{r} 1013 \\ \times\ 1009 \\ \hline 1022117 \end{array}$$

1022：1000＋(13＋9)

117：13×9

而與例題①相同的是：左邊三位的計算，以1013＋9則更加簡單。此外，因爲本類型只比〔問題41〕的位數多1位，因此不再另外說明。

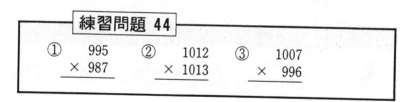

練習問題 44

① $\begin{array}{r} 995 \\ \times\ 987 \\ \hline \end{array}$　② $\begin{array}{r} 1012 \\ \times\ 1013 \\ \hline \end{array}$　③ $\begin{array}{r} 1007 \\ \times\ 996 \\ \hline \end{array}$

〔問題 45〕

與10相近之乘數的乘法

1	$\begin{array}{r} 356 \\ \times\quad 9 \\ \hline \end{array}$	2	$\begin{array}{r} 827 \\ \times\quad 11 \\ \hline \end{array}$

說明：此處所指10相接近之數，是9與11。由於此類的乘法，如果使用一般的算法比較花時間，因此，如果能得到計算的要領，將可事半功倍。使用的方法，大略上與計算和100相近之數的乘法相同。

〔解答〕

在例題1中，9可以將它看成是9＝10－1，因此原式可以寫成：

$$356\times 9=356\times(10-1)$$
$$=356\times 10-356$$

這也就和〔問題40〕中所使用的方法相同。而其直式的運算，如果乘法的順序是寫成9×356，則只要在右移一位上再寫一個356，用題目上的356，再減去下一行的356，即是所求答案。

$$\begin{array}{r} 9 \\ \times\ 356 \\ \hline -\quad 356 \\ \hline 3204 \end{array}$$

在例題[2]中，由於其中一數是〔問題37〕中所提及的並列數運算，所以直式中要照11×827的順序寫下乘式。在答案的部分，左移一位寫下827，再將題目的827加上答案的827，這便是本題的正確答案。

$$\begin{array}{r} 11 \\ \times\ 827 \\ \hline 827 \\ \hline 9097 \end{array}$$

練習問題45

① $\begin{array}{r} 769 \\ \times\quad 9 \\ \hline \end{array}$　② $\begin{array}{r} 3263 \\ \times\quad 9 \\ \hline \end{array}$　③ $\begin{array}{r} 4692 \\ \times\quad 11 \\ \hline \end{array}$

〔問題　46〕

與100相近之乘數的乘法

$$\boxed{1}\quad \begin{array}{r} 436 \\ \times\quad 98 \\ \hline \end{array} \qquad \boxed{2}\quad \begin{array}{r} 647 \\ \times\quad 101 \\ \hline \end{array}$$

說明：本問題所探討與100相近之數的乘法，其實原則上乃是與10相近之數相同，都是相當容易的速算法。將100定爲基準，再將其差做修正，即可算出答案。但是要注意，其乘法的順序，必須考慮其數字的利用，方可達到速算的目的。

〔解答〕

在例題[1]中，將98看成是：98 ＝ 100 － 2 ，於是原式可寫成：

$$436\times98=436\times(100-2)$$
$$=436\times100-436\times2$$

因此只要將436 × 100後，再減去436 × 2，即是所求的答案。右式是本題的速算式，但是其乘法的順序，必須寫成98 ×436，

$$\begin{array}{r} 98 \\ \times\ 436 \\ \hline -\quad 872 \\ \hline 42728 \end{array} \quad \leftarrow 436\times2$$

然後方可運用題目中的 436 ，再做減法的運算。

在例題[2]中，要寫成 101 × 647 ，將 647 再寫於答案第一行左 2 位的位置上，然後將題目的 647 加上計算式中的 647 ，即求出本題乘法的正確答案。

$$\begin{array}{r} 101 \\ \times\ 647 \\ \hline 647 \\ \hline 65347 \end{array}$$

此外，當在做 102 及 103 之類的乘法運算時，也是使用相同的速算原理。

練習問題 46

① $\begin{array}{r} 4253 \\ \times\ 102 \\ \hline \end{array}$　② $\begin{array}{r} 8632 \\ \times\ 99 \\ \hline \end{array}$　③ $\begin{array}{r} 2497 \\ \times\ 97 \\ \hline \end{array}$

〔問題 47〕

相近數的乘法運算

$$\boxed{1}\quad \begin{array}{r} 347 \\ \times \quad 39 \\ \hline \end{array} \qquad \boxed{2}\quad \begin{array}{r} 4373 \\ \times \quad 78 \\ \hline \end{array}$$

說明：像此類與10及100相近的數，又不是10或100，即稱之爲「相近數」。本類的類型中，如39接近40，78接近80，而相近數的計算，也就是利用這個原理來思考的。

〔解答〕

在例題①中，39可看成是：39 ＝ 40 － 1，因此原式可以寫成是：

$$\begin{aligned} 347\times39 &= 347\times(40-1) \\ &= 347\times40-347 \end{aligned}$$

所以只要將347×40，再減去347，即是本題答案。右式正是其速算法。此外，當在做乘法運算時，如果能夠依其順序寫題，自然可減少計算上時間的浪費。

$$\begin{array}{rl} 347 & \\ \times \quad 39 & \\ \hline 1388 & \leftarrow 347\times4 \\ -\quad 347 & \\ \hline 13533 & \end{array}$$

在例題②中，78可以看成是：

78＝80－2，因此原式可寫爲：

$$4373\times78=4373\times(80-2)$$
$$=4373\times80-4373\times2$$

所以只要4373×80再減去4373×2，即可求出答案，右式是其速算法。

```
    4373
×     78
--------
   34984   ←4373×8
－  8746   ←4373×2
--------
  341094
```

此外，可先計算出4373×2的答案，再乘以4倍，即是4373×8的答案。

練習問題 47

① 863 × 49　② 4736 × 109　③ 614 × 998

〔問題 48〕

兩數相加之和為100的乘法

$$\boxed{1}\quad \begin{array}{r} 52 \\ \times\ 48 \\ \hline \end{array} \qquad \boxed{2}\quad \begin{array}{r} 43 \\ \times\ 57 \\ \hline \end{array}$$

說明：首先可先用普通的算法，然後再由答案中看出本題速算法的思考方式。由於兩數相加之和爲100，因此它們的乘積一定比2500小，然後再求出其差別之處，便是本題的速算重點了。

〔解答〕

在例題[1]中，由於與50的差皆爲2，所以首先在第一行寫下2500，然後再減去2^2，便是本題速算法的正確答案。

$$\begin{array}{rl} 52 & \\ \times\ 48 & \\ \hline 2500 & \leftarrow 皆爲2500 \\ -\ 4 & \leftarrow 2^2 \\ \hline 2496 & \end{array}$$

例題[2]中，也是使用相同的計算原理。首先寫下2500，，由於二數與50皆差7，所以再由2500中，扣除7^2，便是其答案。

$$\begin{array}{rl} 43 & \\ \times\ 57 & \\ \hline 2500 & \leftarrow 皆爲2500 \\ -\ 49 & \leftarrow 7^2 \\ \hline 2451 & \end{array}$$

本題所依據的理由如下：

將與50的差，設爲a，因此二數可以寫成：

$50-a$、$50+a$

其乘積則爲：

$$(50-a)(50+a)=50^2-a^2$$
$$=2500-a^2$$

因此根據上述的公式，即可速算出答案。此外，當a的數目很大，容易造成a^2的計算困難時，則可以另外找一個基準數代替，才能達到速算的效果。

關於平方的計算方法，將在第四章中再討論之。

練習問題 48

① 49×51　② 53×47　③ 58×42

〔問題 49〕

二數之和與100相近的乘法

$$\boxed{1}\quad \begin{array}{r} 47 \\ \times\ 52 \\ \hline \end{array} \qquad \boxed{2}\quad \begin{array}{r} 54 \\ \times\ 47 \\ \hline \end{array}$$

說明：雖然二數之和不為100，但由於其值相近，因此可使用前面〔問題48〕中的方法，再將與100的差略做修正，即可解題。例題①中的二數和為99，例題②則為101，其修正方法都是十分簡單的。

〔解答〕

在例題①中，47可以看成是48－1，因此原式可寫成：

$$47\times52=(48-1)\times52$$
$$=48\times52-52$$

所以只要用48×52的答案再減去52，即是本題的答，右式即為其速算方法。

$$\begin{array}{r} 47 \\ \times\ 52 \\ \hline 2496 \\ -\ 52 \\ \hline 2444 \end{array} \quad \begin{array}{l} \\ \\ \leftarrow 48\times52 \\ \\ \\ \end{array}$$

在例題②中，54看成是：54＝53＋1，因此原式可寫成是：

$$54 \times 47 = (53 + 1) \times 47$$
$$= 53 \times 47 + 47$$

所以只要用 53 × 47 ，再加上47，便是答案。右式即爲其速算方法。此時的47，只要利用題中的47，二者相加即可。

```
   54
 × 47
 ----
 2491  ←53×47
 ----
 2538
```

此外，本題的速算法中，47亦可看成是：

$$47 = 46 + 1$$

因此本題亦可用 54 × 46 ，再加上46求答，可能會比用 53 × 47 的方法來得簡單一點。

練習問題 49

① 54×45　② 46×55　③ 58×43

〔問題 50〕

兩數百位皆為1，且和為300之乘法

1	$\begin{array}{r} 152 \\ \times\ 148 \\ \hline \end{array}$	2	$\begin{array}{r} 157 \\ \times\ 143 \\ \hline \end{array}$

說明：二位數相加之和爲100的計算，可使用〔問題48〕的方法，此外，亦可適用於三位數的乘法計算上。由於百位數皆爲1，且和爲300，因此只要定出150爲基準，找出與150的差，計算便會十分容易了。

〔解答〕

在例題1中，與150的差皆爲2，因爲首先在第一行寫下22500，然後再減去2^2，即是本題乘法的答案。

$$\begin{array}{rl} 152 & \\ \times\ 148 & \\ \hline 22500 & \leftarrow 皆爲\ 22500 \\ -\ \ 4 & \leftarrow 2^2 \\ \hline 22496 & \end{array}$$

在例題2中，也是使用相同的方法。首先寫下22500，由於二數與150的差皆爲7，所以再由22500中，減去7^2，便是答案。

$$\begin{array}{rl} 157 & \\ \times\ 143 & \\ \hline 22500 & \leftarrow 皆爲\ 22500 \\ -\ \ 49 & \leftarrow 7^2 \\ \hline 22451 & \end{array}$$

本題所依據的理由如下：

將與 150 的差之數定爲a ，因此二數可寫成：

$150-a$、$150+a$

二數的乘積則是：

$$(150-a)(150+a)=150^2-a^2$$
$$=22500-a^2$$

利用上述的公式，便可速算出答案，所以本問題的方法，與〔問題 48〕皆爲相同的解法。

練習問題 50

① 149×151　② 146×154　③ 158×142

〔問題　51〕

交叉相乘之和為100的二數乘法

$$\boxed{1}\quad \begin{array}{r} 84 \\ \times\ 79 \\ \hline \end{array} \qquad \boxed{2}\quad \begin{array}{r} 68 \\ \times\ 86 \\ \hline \end{array}$$

說明：所謂的交叉相乘法，是將一個數的十位數，與另一個數的個位數交叉相乘的乘法。由於其和爲100，因此可利用這個性質來速算。請仔細思考一下速算的方法，如果一旦了解後，會發現這是最便利的解法了。

〔解答〕

在例題$\boxed{1}$中，其交叉相乘法的和爲：

$$8 \times 9 + 7 \times 4 = 72 + 28 = 100$$

因此，答案的右邊二位，首先寫下 **4 × 9** 的答案，然後下兩位再用 **8 × 7 + 10** ，寫在左邊二位的位置上，這便是本題的正確答案。

$$\begin{array}{r} 84 \\ \times\ 79 \\ \hline 6636 \end{array}$$

66 ← 8 × 7 + 10
36 ← 4 × 9

在例題$\boxed{2}$中，其交叉相乘法的和爲：

$$6 \times 6 + 8 \times 8 = 36 + 64 = 100$$

因此，也是在答案的右邊二位上，寫下 8 × 6 的答案，然後下兩位再用 6 × 8 加10，寫在左邊二位的位置上，這便是本題的正確答案。本類題所依據的理由如下：

```
   68
 × 86
 5848
 ┈┈┈┈
  ↑ ↑— 8×6
  └── 6×8+10
```

在例題①中，如果用普通的乘式，可以得到右式的結果，而中間和為100 的部分，也就是使用交叉相乘法和為100 的速算原理。

```
    84
  × 79
  ────
    36
   72 ┐
   28 ┘ ← 和為 100
   56
  ────
  6636
```

練習問題 51

① 87 × 49　　② 48 × 97　　③ 94 × 78

〔問題　52〕

交叉相乘之和為整數的二數乘法

[1]

$$\begin{array}{r} 42 \\ \times\ 79 \\ \hline \end{array}$$

[2]

$$\begin{array}{r} 36 \\ \times\ 92 \\ \hline \end{array}$$

說明： 由於交叉相乘之和並不爲 100，但如果爲50或60之類的整數，則仍可使用相類似的速算法。在例題[1]中的交叉相乘之和爲 50 ，[2]中爲 60，因此可以善加利用之。

〔解答〕

在例題[1]中，由於其交叉相乘之和爲：

$$4\times9+7\times2=36+14=50$$

因此，首先用 2 × 9 的答，寫在右邊二位上，然後再用 4 × 7 ＋ 5 的答案，寫在左二位的位置，這便是本題乘法的答案。而所依據的理由，與交叉相乘之和爲 100 的原理完全相同。

$$\begin{array}{r} 42 \\ \times\ 79 \\ \hline 3318 \end{array}$$

33 ← 4 × 7 + 5

18 ← 2 × 9

在例題[2]中，其交叉相乘的和爲：

$$3\times2+9\times6=6+54=60$$

因此，首先也是先在右二位上，寫下6 × 2的答案，然後在左下二位上，寫下3 × 9 ＋ 6的答，這便是本題乘法的解。

```
   36
×  92
 3312
 ‥ ‥
 ↑  ↖6×2
 3×9+6
```

在運算時，應特別注意交叉相乘的和，因爲這個數字經常可以利用到。我們只要注意到這項性質，並小心運算，便可達到速算的效果。

練習問題 52

①	②	③
71×93	42×86	83×69

〔問題 53〕

三位數中，其中二位數交叉相乘之和為100的乘法

$$\boxed{1}\quad \begin{array}{r} 184 \\ \times\ 179 \\ \hline \end{array} \qquad \boxed{2}\quad \begin{array}{r} 781 \\ \times\ 941 \\ \hline \end{array}$$

說明：在例題$\boxed{1}$中，如果先看其百位數的 1，其餘兩位交叉相乘之和爲 100。而例題$\boxed{2}$中，如果不看個位數的 1，其餘兩位交叉相乘之和也是爲 100。因此，本問題中即是將其中多餘的 1 先去掉，然後便可照〔問題51〕的方法來計算。

〔解答〕

在例題$\boxed{1}$中，其原式可以寫成：

$$\begin{aligned} 184\times179 &= (100+84)\times(100+79) \\ &= 10000+100\times(84+79)+84\times79 \\ &= (184+79)\times100+84\times79 \end{aligned}$$

而其中 84 × 79 的乘法，則可用〔問題51〕的方法來解題。右式便是本題速算法。

$$\begin{array}{rl} 184 & \\ \times\ 179 & \\ \hline 6636 & \leftarrow 84\times79 \\ 263\ \ & \leftarrow 184+79 \\ \hline 32936 & \end{array}$$

在例題$\boxed{2}$中，其原式可以寫成：

$$781\times941=(780+1)\times(940+1)$$
$$=780\times940+(780+940)+1$$
$$=(78\times94)\times100+(781+940)$$

而其中 78 × 94 的乘法，可使用〔問題 51〕的方法解題。右式便是本題的速算法則。

```
    781
  × 941
 ──────
    781
     94
   7332   ←78×94
 ──────
 734921
```

此外，爲了怕讀者誤解 781 × 941 的運算方法，再用直式表示一次。但是在實際的速算上，這些步驟都是可以省略的。

練習問題 53

```
①    194     ②    186     ③    971
   ×  178        ×  168        ×  481
   ──────        ──────        ──────
```

第三章
除法的速算

〔問題 54〕

5、25的除法

$\boxed{1}$ 8435÷ 5 =

$\boxed{2}$ 57375÷25=

說明：由於 5 的 2 倍爲 10 ， 25 的 4 倍爲 100 ，因此可以利用此性質，來將 5、25的除法，化成簡單的乘法運算。而這個方法，也等於是在做 5、25 的乘法運算，可說是〔問題 33 〕的逆向解題法。

〔解答〕

在例題$\boxed{1}$中，可利用 10÷2＝5 的式子，而將原式寫成：

$$8435 \div 5 = 8435 \div (10 \div 2) = (8435 \times 2) \div 10$$

而關於 8435 的 2 倍再除以 10 的速算法，可以寫成：

$$(8435 \times 2) \div 10 = 16870 \div 10 = 1687$$

因爲一個數乘以 2，要比除以 5 來得容易多了。

在例題$\boxed{2}$中，可利用 100÷4 ＝ 25 的式子，而將原式寫成：

$$57375 \div 25 = 57375 \div (100 \div 4)$$
$$= (57375 \times 4) \div 100 = 229500 \div 100$$
$$= 2295$$

因爲一個數乘以4的方法，自然比它除以25來得容易。此外，如果一個數的4倍再除以100時無法整除，例如：

$$6235 \div 25 = (6235 \times 4) \div 100 = 24940 \div 100$$
$$= 249.4$$

就會有小數點的出現。如果不要用小數點，而要求列出餘數，則可用被除數的末二位40，以4除之，即是要表示的餘數。

練習問題 54

① $9245 \div 5 =$　　② $16545 \div 25 =$

③ $436875 \div 25 =$

〔問題　55〕

125 的除法

1 　120375÷125＝

2 　310472÷125＝

說明：由於 125 是 25 的 5 倍，且 8 倍則爲1000 ，因此可與5與25的除法使用相同的解題方式。而且 125 的乘法，可看成是〔問題34 〕的逆向解題法，本篇不再另加說明。

〔解答〕

在例題1中，可利用 1000 ÷8 ＝ 125 的式子，因此原式可寫成：

120375÷125

＝120375÷(1000÷ 8)

＝(120375× 8)÷1000

而此處的 120375 乘 8 倍，再除以 1000 可速算出：

(120375× 8)÷1000＝963000÷1000

＝963

因爲以一個數乘以 8 倍的方法，自然比除以 125 來得有效率多了。

在例題[2]中，**310472**的 **8** 倍可寫爲：

310472× 8 ＝2483776

再將它除以**1000**，則會有小數點的出現：

2483776÷1000＝2483.776

如果要求整除，並列出餘數，便先將小數點以下的 **776** 除以 **8** ：

776÷ 8 ＝97

所以本題便爲：

310472÷125＝2483……餘 97

練習問題 55

① 419375÷125＝　　② 132697÷125＝

〔問題 56〕

9的除法

1 $9\overline{)327}$

2 $9\overline{)4293}$

說明：9的0.1倍是0.9、0.11倍是0.99、0.111倍是0.999，小數點的後面逐漸添加1時，則0.111……和9的乘積就越接近1。
利用這個特性，9的除法可利用加法來計算。
這個方法其實非常簡單，但却鮮爲人知！

〔解答〕

在例題1中，先按位數排列，寫下4個327，每一個皆排在上一行的右下一位，然後把前四位數相加。前面的二位數之36，爲除以9的商，第三位3，爲其餘數。所依據的理由如下：因爲

```
327
 327
  327
   327
-------
3632
商 餘數
```

$$9\times0.1111\cdots\cdots=0.9999\cdots\cdots$$

所以 $327\div9\fallingdotseq327\times0.1111\cdots\cdots$

$=32.7+3.27+0.327+0.0327+\cdots\cdots$

$=36.333\cdots\cdots$

計算時只要寫上4個327，然後將最後一位的3畫上虛線隔開，便可避免計算上的錯誤。

在例題②中，由於4293爲4位數，所以要如右式寫上5個斜列的式子。最前面的三位爲除以9所得的商，由於第4位仍爲9，因此必須將它再修正。前進一位，加入其商中，所以本題的餘數爲0。像此類除數爲9的題目，有時要特別注意一下餘數部分，可以再除進位的，就不要忘記。

```
4293 :
  4293:
    429:3
      42:93
        4:293
─────────────
476 98:
 +1
  ↓
477
```

商(可整除無餘數)

練習問題 56

① 9）657　② 9）3298　③ 9）33183

〔問題 57〕

99 的除法

[1] $99 \overline{)8456}$ [2] $99 \overline{)64205}$

說明：由於 99 的 0.01 倍、 0.0101 倍，及 0.010101 倍，爲 0.99 、0.9999 及 0.999999 。而此類小數點的右側有偶數個 9 的數字並列，實際上幾乎等於 1 。因此在做99的除法時，可以善加利用此項性質來解題。

〔解答〕

在例題[1]中，首先將8456 每隔 2 位，往右記一個，一共並列三次，然後在前六位數的加法結果中，可得知第一、二位的85 爲 99 除法中的商，而接下來二位的41 爲本題的餘數。

```
8456
  8456
    8456
--------
854140
︶ ︶
商 餘數
```

依據的理論如下：

由於

$99\times0.0101010\cdots\cdots=0.999999\cdots\cdots$

所以原式可以寫成：

$$8456 \div 99 \fallingdotseq 8456 \times 0.0101010\cdots\cdots$$
$$= 84.56 + 0.8456 + 0.008456 + \cdots\cdots$$
$$= 85.4141\cdots\cdots$$

因為本題是將**3**個**8456**並列，因此小數點應該位於第四位以下。而且要知道「被除數為三位到四位時，並列數用 3 個，五位數到六位數時，並列數用 4 個，七位數到八位數時，並列數為 5 個」以此類推即可。

在例題[2]中，由於被除數為五位，所以用 4 個 **64205** 於右下方並列，並且將前七位數相加起來，前面的三位 **648** 為其商，然後的下二位**53**為其餘數。

```
64205
  64205
    64205
      64205
-----------
6485353
```

商（648）　餘數（53）

練習問題 57

① 99）7326　　② 99）5630786

〔問題 58〕

999 的除法

1　$999\overline{)64754}$　　　2　$999\overline{)535464}$

說明：看過〔問題56〕的9的除法速算，及〔問題57〕的99的速算後，本問題乃是上列方法的延伸，討論以 999 來做除法。一般而言，此類以 9 重複數次來計算的除法，皆是使用相同的方法來解題的。

〔解答〕

在例題1中，並列 3 個 64754，並且每個皆是向右後三位排列，然後把前八位的數字加起來。最初的二位數 64，是除以 999 所得的商，而其餘的三位數 818，是餘數的答案。

```
64754
   64754
      64754
-----------
64818818
商 餘數
```

本題所依據的理由如下，像此類0.001001……類型的題目，就用：

$$999 \times 0.001001001\cdots\cdots$$
$$= 0.999999999\cdots\cdots$$

來表示之，因此這也就與 9 及 99 之除法的速算，完全相同。

在例題2中，並列 3 個 535464，並且由右下三位排列。答案最初的三位數 535 再加 1 為 536，這是本題的商。而原先後三位的 999，由於可以再進一位，因此本題無餘數，為一個可以整除的題目。只要記得在 535 時加 1，即是本題的正確答案。

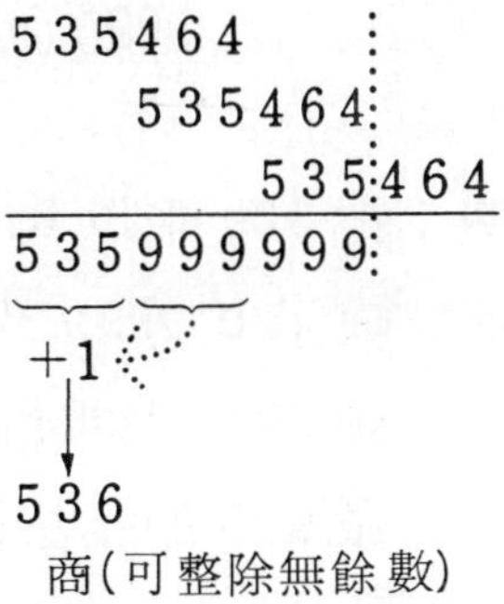

練習問題 58

① $999\overline{)282730}$

② $999\overline{)3979017}$

〔問題 59〕

以909的除法

1 $909\overline{)25874}$　　2 $909\overline{)413537}$

說明：把909乘以0.0011倍，0.00110011倍，即變成了0.9999及0.99999999。所以這就與〔問題57〕及〔問題58〕的方法相同。但是當在做909的除法餘數表示時，要特別注意計算的方法。

〔解答〕

在例題1中，先計下5個25874，並且按照右移一位、三位、一位、三位的順序並列，然後再將前十位數加起來。最前面的二位數28，爲除以909後得的商，之後的四位4642，再將它除以11，得到422，便是本題的餘數。

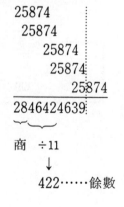

```
25874
 25874
    25874
     25874
        25874
----------
2846424639
```

28（商）　4642 ÷11

↓

422……餘數

本題所依據的理由如下：

按照一位、三位、一位、三位右

移交互排列的理由，則是因爲

$$909\times0.00110011\cdots\cdots$$
$$=0.99999999\cdots\cdots$$

而除了整數商爲28之外，其餘爲小數部位的商，如果要用餘數表示，則還要將它再乘以 909 倍。

如：

$$0.46424642\cdots\cdots\times909$$
$$=4642\times(0.00010001\cdots\cdots\times909)$$
$$=4642\times0.09090909\cdots\cdots$$
$$=4642\div11$$
$$=422$$

於是 422 方才是餘數部分的答案。

在例題[2]中，也是使用相同的方法解題，得到商爲 454 ，餘數爲 851 。

```
413537
 413537
   413537
    413537
       413537
-----------
45493619320
```

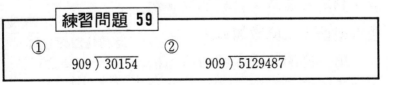

商　÷11

↓

851……餘數

練習問題 59

① $909\overline{)30154}$

② $909\overline{)5129487}$

〔問題 60〕

以9009的除法

1 $9009\overline{)76524}$　　2 $9009\overline{)387769}$

說明：如前面〔問題59〕的以909爲除數之速算爲例，本部分則是計算上的延長，計算以9009爲除數的速算法則。因爲在9009的乘式計算式中，其值近似於1，因此乃以0.000111000111……來代替。此外，像此類有數位數來做除數、被除數的運算，試求商爲幾位數，則一概稱之爲「概算」。

〔解答〕

在例題1中，將76524向右下排列，且前三數爲每隔一位，第四數則隔四位，接下來仍隔一位，到第七數時，再隔四位，然後再把前十三位數加起來。

第一位的8爲本題的商，接下來六位的494172，再將它除以111，得4452爲本題之餘數。此

```
76524
 76524
  76524
      76524
       76524
        76524
            76524
─────────────
8494172494171
↓└──┘
商  ÷111
     ↓
    4452……餘數
```

處根據的理由如下：

$$9009 \times 0.000111000111\cdots\cdots$$
$$=0.99999999\cdots\cdots$$

與〔問題59〕的思考方式相同。〔問題59〕是將前面數位除以11，本處則是將它除以111爲其餘數。

```
387769
 387769
  387769
      387769
       387769
        387769
            387769
--------------------
43042402042397
```

（43：商；42402：÷111 → 382……餘數）

在例題②中，也是使用相同的計算方式，43爲其商，42402再除以111，則爲本題除法的餘數382。

練習問題 60

① $9009\overline{)65626}$

② $9009\overline{)8409554}$

〔問題 61〕

以 98 為除數的除法

1
$$98\overline{)1345}$$

2
$$98\overline{)360228}$$

說明：像此類比 100 略小的除數之除法，可以將計算的步驟簡略，但是由於這個簡便的方法很多人都不知道去使用，因此仍是花了不少時間在計算上。可以使用單求餘數的做法，這個方法相當簡單易懂，現在讓我們先來看看如何用98來做除數吧！

〔解答〕

在例題1中，由於1345的最高位爲1，所以在商的十位部分也寫上1。然後再將1的2倍2，寫在4的下面，把34加上2，連同旁邊的5，一起移到下面爲365。此時，因爲365的最高位爲3，所以在商的部分上3，再將3的2倍爲6，寫在5的下方，把65加上6爲71，便是本題的餘數。

```
          13
   98 ) 1345
   ||      2
 100-2   365
           6
          71
```

本題中可知：以1345除以98，得商爲13，餘數是71。在全式中，並不直接用98來除，而是利用它的餘數，來省略其中的計算過程的。

在例題②中，也是使用相同的計算方法來解題。一般的計算過程中，仍要算出98×6、98×7、98×3之類的答案，花費不少時間，但使用本方法，就可以輕鬆迅速地解出答案了。此外，關於後面〔問題62〕中所提的方法，仍要特別注意，因爲這也是本部分易犯的錯誤。

```
          3675
  98 ) 360228
  ||    6
100-2  662
        12
        742
         14
        568
         10
         78
```

練習問題 61

① 98) 5978　　② 98) 911542

〔問題　62〕

除數比 100 略小的除法

[1]　97) 25933　　　　[2]　94) 319863

說明：使用除數爲98 的除法，實際上與使用 97或96 爲除數，在計算上並不會有太大的差別。但是當除數越比 100 小，其速算的效果可能越弱。甚至當10位數不爲 9 時，就不能再用這個速算的方法了。所以此類的題目，只能限定於97到 94的範圍之內方可使用。

〔解答〕

在例題[1]中，由於 25933 的最高位爲 2 ，所以在百位上 2 ，然後在算式上用 2 的 3 倍 6，加上 59。接下來由於 653 的最高位爲 6 ，所以在商的十位上 6 ，再以其 3 倍的 18 加上 53 。最後的部分，因 713 的最高位爲 7 ，在商的個位上 7 ，並將其 3 倍的21 再加上 13 ，便得出餘數 34 ，商爲

```
        267
  97 ) 25933
  ||    6
100-3  653
        18
       713
        21
        34
```

267的正確答案。

在例題[2]中，由於最高位爲3，所以在商的千位上3，再將其6倍的18，加上19。然後由於378的最高位爲3，所以在商的百位上3，再將其6倍的18，加上原式之78，得出答案爲96。此處由於96比除數94大，所以再減94，並在商的百位上進1爲4。扣除後得26，比94小，所以十位的商掛0。最後因263的最高位爲2，個位的商上2，再將其6倍的12加上63，即爲餘數75。

```
           4
           ↑
         3302
   94 ) 319863
   ||     18
 100-6   378
          18
          96
         -94
          26
           0
          263
           12
           75
```

本題結果求出：商爲3402，餘數爲75。其中計算的過程中，別忘了有修正的步驟。因爲此類餘數比除數大的現象，都必須經過修正，方可求出正確答案。

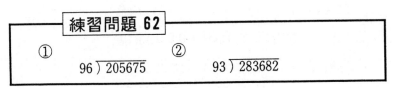

練習問題 62

① 96) 205675

② 93) 283682

〔問題 63〕

以998為除數的除法

1 $998 \overline{)\,37155}$　　2 $998 \overline{)\,285428}$

說明：由於998爲1000－2的答案，另外，98也爲100減2的答，無論是哪一個數皆爲其整數減2，因此本問題以998爲除數的速算法，可以看成與〔問題61〕中以98爲除數的方法相同，運用其原理來解題。

〔解答〕

在例題1中，由於37155的　高位爲3，所以在十位的商上3，然後將它的2倍6，再加上715。接下來由於7215的最高位爲7，所以在個位的商上7，再將其2倍的14加上215。本式中求出：37155除以998，其商爲37，餘數爲299。本方法是利用1000除以998的餘數關係來解題的，此乃與〔問題61〕中，用100除以98的餘數關係，二者爲完全相同的解題法。雖

$$
\begin{array}{rr}
 & 37 \\
998 & \overline{)\,37155} \\
\| & 6 \\
1000-2 & \overline{7215} \\
 & 14 \\
 & \overline{229}
\end{array}
$$

然用 998 直接來運算，數字上可能比較大一點、困難一些，但是在速算的過程上，則痛快得多了。

在例題[2]中，由於最高位爲 2 ，所以在百位的商上 2 ，再將其 2 倍的 4 加上 854 。然後因 8582 的最高位爲 8 ，所以在十位的商上 8 ，再以其 2 倍的 16 加上 582 。最後因 5988 的最高位爲 5 ，所以在個位的商上 5 ，然後再以其 2 倍的 10 加上 988 。因爲得出餘數爲 998 ，正巧是除數，因此再進 1 ，使商由 285 變爲 286 。本題以 285428 除以 998 可完全整除，得出其商爲 286 。

```
                 6
                 ↑
               285
     998 ) 285428
      ||        4
  1000－2    8582
               16
             5988
               10
              998
```

練習問題 63

① 998) 301399　　② 998) 6971030

〔問題 64〕

以比 1000 小的數為除數之除法

[1] 992) 64021　　[2] 986) 272820

說明：以前談過除數比 100 小的除法，現在此類除數比1000小的除法，基本上兩者是相同的。但是由於位數比較多，自然比較麻煩一些。如果能理解速算的方法，即使是除數比 10000 小的除法，都能用相同的速度解出答案。

〔解答〕

在例題[1]中，由於最高位爲6，所以在商的十位上6，再以其 8 倍的 48 加上 402。然後由於 4501 的最高位爲4，所以在商的個位數上4，並將其8倍的32加上 501。因此本題可求得出：64021 除以 992 的商爲 64，餘數爲533。

```
          64
  992 ) 64021
   ||     48
1000-8   4501
           32
          533
```

在例題[2]中，由於 986 可看成是：

986＝1000－14

因此每放大一位數等於是乘上14倍。

首先，由於最高位爲2，所以在百位的商上2，再將其14倍的28加上728。然後因7562的最高位爲7，因此在十位的商上7，再以其14倍的98加上562。最後因6600的最高位爲6，所以將其14倍的84再加上600即可。於是本題也就求出其商爲276，餘數爲684的答案。

```
                 276
          986 ) 272820
           ||     28
       1000-14   7562
                   98
                 6600
                   84
                  684
```

像此類除數比1000略小的除法中，只要差的範圍在20以內，雖然較花時間，但仍可使用相同的速算法計算之。

練習問題 64

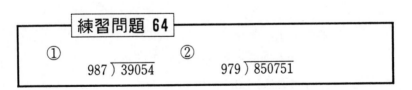

① 987) 39054　　② 979) 850751

〔問題　65〕

以 15 為除數的除法

[1]　$15 \overline{)4905}$　　　[2]　$15 \overline{)76237}$

說明：此類除數爲 15 的除法，由於 15 的末尾是 5 ，所以可以先將 15 放大 2 倍，然後再以 30 的 3 來除此數，用心算便可很快地得到其答案了。

〔解答〕

將例題[1]中的除數與被除數皆放大 2 倍，可得到：

$$
\begin{aligned}
&4905 \div 15 \\
&= (4905 \times 2) \div (15 \times 2) \\
&= 9810 \div 30
\end{aligned}
$$

用 9810 來除以 30 的作法，實際上等於是用 981 來除以 3 ，由於除數只有 1 位數，因此直接用心算即可解出答案。

$$
\begin{array}{r}
4905 \\
\times \quad 2 \\
\hline
\downarrow \\
30 \overline{)9810} \\
327
\end{array}
$$

在例題[2]中，可將 76237 放大 2 倍後再除以 30。在計算式中得到餘數爲14，但仍要再將14除以2得 7 ，這才是本題除以15的正確餘數。

由於做題時會因爲除數是15的關係，而將整個式子放大2倍，但若有餘數產生時，不要忘記再將其餘式除以2，方是正確答案。而且計算式中的餘數也必爲偶數，因爲當初大2倍，所以也必然可以被2整除。

```
      76237
  ×       2
          ↓
30 ) 152474
       5082……餘 14
                ↓ ÷2
              餘 7
```

練習問題 65

① $15\overline{)27945}$

② $15\overline{)68725}$

〔問題 66〕

以35 、45 為除數的除法

1　$35\overline{)22995}$

2　$45\overline{)11616}$

說明：此類除數爲45 及35 的除法，實際上與除數爲15 的除法做法相同。由於35 的2 倍爲70，45 的2 倍爲90，因此只要除以其十位數的數字，再在商上扣一位即可。並且此類除數爲個位數的除法，不論其被除數是多少，使用心算來求出答案皆是相當容易的事。

〔解答〕

在例題1中，先將22995 放大2 倍，然後再以70 來除之。因爲被除數、除數皆有0，可直接用7 除來速算之。而且此處用4599除以7 這一位數的除法速算式，可以參照〔問題82〕中所使用的方法，即使是7 這個稍具困難度的數字，都可以很輕易地解出答案。

$$\begin{array}{r} 22995 \\ \times \quad 2 \\ \hline \downarrow \\ 70\overline{)45990} \\ 657 \end{array}$$

在例題2中，先將11616 放大2 倍

後，再除以90。此處的運算，可以使用〔問題56〕的方法，更易解題。此處在寫除式的答案時，要將原來餘數的12，再除以2為6，才是正確的餘數，因為原本題目中，是以45為除數的緣故。

```
      11616
  ×       2
  ─────────
          ↓
90 ) 23232
     ─────
      258……餘 12
               ↓ ÷2
             餘 6
```

本問題中所使用的方法，也可應用於除數為55或65的速算中，但因為這兩個數的2倍皆為二位數，因此就削減了速算的效果。

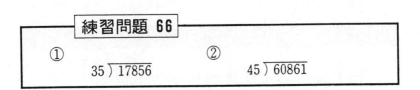

練習問題 66

① 35) 17856

② 45) 60861

〔問題 67〕

將除數分解成為一位數之積的乘法運算

1 $12\overline{)51444}$　　2 $21\overline{)39983}$

說明：當除數爲 12 或 21 時，因爲其除數可以分解成一位數的積，所以其算式可以分成二次來計算。並且一位數的除數可以用心算求出答案，只要考慮是否有餘數，本類型的題目，自然可以迅速地答出解答了。

〔解答〕

在例題1中，其除數的12 可以看成：

$12=3\times 4$

$$\begin{array}{r} 4\,\underline{)\,51444} \\ 3\,\underline{)\,12861} \\ 4287 \end{array}$$

所以首先用 51444 除以 4 ，得到商爲 12861 ，然後再運算 12861 ÷ 3 的除式答案即可。本題是將除式分成二次運算，但二次皆爲一位數，因此相當易解。而且 3 或 4 哪一個先運算都無所謂，只要您覺得方便就好。

在例題2中，先把 21 分解成爲 3 × 7 ，然後首先用 39983 ÷ 3，得出商爲13327，餘數爲2。然後再做13327 ÷ 7的除式運算，得出商爲1903，餘數爲6。此處要注意的是：當以3除餘2時，其餘數的2還要再乘以7倍，再加上除以7時的餘數6，得出20爲除以21的除式餘數，而其商爲1903。

```
3 ) 39983
7 ) 13327……餘 2
     1903……餘 6
               ↓
            2×7+6
               ↓
             餘 20
```

像此類分割成二次運算的除法，要特別注意餘數的計算。

練習問題 67

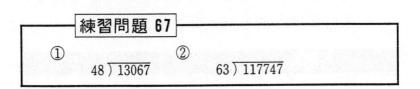

① $48\overline{)13067}$　　② $63\overline{)117747}$

〔問題 68〕

除數為 199 、 299 的除法

1 $199\overline{)24825}$ 2 $299\overline{)98323}$

說明：在〔問題 62 〕中，所討論的是除數比 100 小的除法運算，而這個解題步驟，同樣也可運用在比 200 或 300 小的除法運算中，只要將題目略加修正，即可迅速地解出答案了。如何將比 200 或 300 的數目，修正成適合的除數呢？首先就要朝這個方向，好好思考一下了。

〔解答〕

在例題1中， 199 可看成是

$$199=200-1$$

所以 24825 的最高位 2 以 2 來除，則在百位的商上 1 。然後再將48加 1 ，連同右鄰的 2 ，移到第二行計算爲 492 。然後由於最高位爲 4 ，以 2 除可在十位的商上 2，再將92加 2 ，移到下一行爲 945 。最後用 942 的最高

```
        124
199 ) 24825
 ||      1
200-1  492
         2
       945
      -8 4
       149
```

位除以 2 ，得商爲 4，再把 45 加上 4 。此時，由於 9 與 2 ×4 並不一致，所以再由 9 中減去 8 ，在答案上寫 149 即可。本題的答案也就求出：商爲 124 ，餘數爲 149 的解。

在例題[2]中，由於 299 可看成：

299＝300－1

然後再用與上題相同的方法，把每一次計算時的最高位數除以 3 ，再將其商寫在答案上，餘數也要加起來做下一行的運算。於是可以求出：商爲 328 ，餘數爲 251 的正確答案。

```
          328
299 ) 98323
 ||     3
300－1  862
      －6 2
       2643
      －24 8
        251
```

練習問題 68

① 199) 61497

② 299) 425638

〔問題 69〕

比整數略小的除數之除法

1 $596 \overline{)25750}$　　2 $789 \overline{)42753}$

說明：所謂比整數略小的數，就是除了像600及800這類的數字，把第一位的數扣去後，尾數就剩數個連續的0的數外，就是比整數略小的數。此種類型題目的運算，仍是要以其整數為基準，然後用〔問題61〕的思考方式來解題。

〔解答〕

在例題1中，由於596可看成是

$$596 = 600 - 4$$

所以原式可用600為除數，再加上多扣除的餘數部分。首先用2575除以600，由25中扣去4的6倍後，後半的75，再加上4的4倍。本處的減法與加法要同時運算，所以要先記好24與16之間不同的運算符號方可。接下來再用1910除以600，由19中減去3之6倍後，後兩位則是以10

```
           43
596 ) 25750
 ||    24:16
600-4   1910
        18:12
          122
```

加上3的4倍即可。因此，本題求出：其商爲43，餘數爲122的正確答案。

在例題②中，789可看成是：

$$789=800-11$$

所以首先用4275除以800，然後由42中減去5的8倍，75中加上5的11倍，即是第一行的算式。接下來用3303除以800，由於商上了4，所以必由33中減去8的4倍，3再加上4的11倍方可。本題也因此求出：商爲54，餘數爲147的正確答案了。

```
             54
 789 ) 42753
  ||    4055
800-11  3303
        3244
         147
```

本類題的特徵，即是將比整數略小的除數，湊成整數後，方才進行其運算。

練習問題 69

① 692) 509042

② 1988) 686247

第四章
平方的速算

〔問題 70〕

由 11 到 19 的平方運算

$$\boxed{1}\quad \begin{array}{r} 13 \\ \times\ 13 \\ \hline \end{array} \qquad \boxed{2}\quad \begin{array}{r} 17 \\ \times\ 17 \\ \hline \end{array}$$

說明：由於自 11 到 19 的平方數（二次方）運算一共只有 9 個，因此可以把整組的答案先暗記起來。因爲這些數字經常使用，背起來後自然對此後的計算會很方便。而本類型的題目，也可用〔問題13〕的解題方法計算之。

11 到 19 的平方數：

$11^2=121$　　$12^2=144$　　$13^2=169$

$14^2=196$　　$15^2=225$　　$16^2=256$

$17^2=289$　　$18^2=324$　　$19^2=361$

〔解答〕

在例題①中，首先將個位數平方計算，由於答案只有一位，所以在答案的左邊，直接寫上13＋3的答案。在速算的過程中，像此類個位數的平方只有一位數的，具體而言，單有由

$$\begin{array}{r} 13 \\ \times\ 13 \\ \hline 169 \end{array}$$

16 ← 13＋3　　9 ← 3×3

11 到 13 的平方數字而已。

在例題2中，由於個位數的平方爲49這個二位數，所以要在它的左下一位處，寫下 17＋7 的答，然後再把這兩行計算加起來，才是本題平方的答案。

```
   17
×  17
─────
   49  ←7×7
  24   ← 17+7
─────
  289
```

此外，由於平方有以下的關係：

$$11^2=10^2+2\times11-1=10^2+21$$
$$12^2=11^2+2\times12-1=11^2+23$$
$$13^2=12^2+2\times13-1=12^2+25$$

等於是前一位數的平方，再加上二者的和，所以當有連續的平方計算時，可以使用以上的原理。

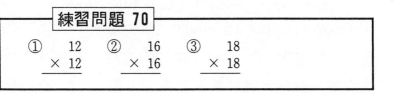

練習問題 70

① 12×12　② 16×16　③ 18×18

〔問題 71〕

個位數為 5 的二數平方

$$\boxed{1}\quad \begin{array}{r} 35 \\ \times\ 35 \\ \hline \end{array} \qquad \boxed{2}\quad \begin{array}{r} 75 \\ \times\ 75 \\ \hline \end{array}$$

說明：像此類 35 與 75 ，個位數爲 5 的二位數之平方運算，可以用速算法很快地解出答案，並且可利用〔問題 22 〕的方法來解題，至於該修正何處，請您仔細想一想。

〔解答〕

在例題①中，由於其十位數相同，且個位數的和爲10，所以二數的乘法，可使用與〔問題 22 〕相同的方法來解題。此外，也可首先將 5 × 5 的二位數答案寫在右側，然後再將 3 × 4 的答案寫在其左側即可。而這也就是本題平方數的答案。而此處在做 3 × 4 的計算時，是將其十位數的 3 ，再加 1 爲 4 ，把 3 × 4 做乘法運算的。

$$\begin{array}{r} 35 \\ \times\ 35 \\ \hline \underbrace{12}_{3\times 4}\underbrace{25}_{5\times 5} \end{array}$$

在例題②中，也是使用相同的解題方式。首先將

5 × 5 的二位數答案寫下，於左側再記下 7 × 8 的答，而這也就是本題平方式的答案。本例題與〔問題22〕所使用的方法相同，都是能很快解出答案的速算法。

$$\begin{array}{r} 75 \\ \times\ 75 \\ \hline 5625 \end{array}$$

56 ← 7 × 8　　25 ← 5 × 5

練習問題 71

① $\begin{array}{r} 25 \\ \times\ 25 \\ \hline \end{array}$　② $\begin{array}{r} 55 \\ \times\ 55 \\ \hline \end{array}$　③ $\begin{array}{r} 95 \\ \times\ 95 \\ \hline \end{array}$

〔問題 72〕

十位數皆為5的二位數之平方乘法

$$\boxed{1}\quad \begin{array}{r} 53 \\ \times\ 53 \\ \hline \end{array} \qquad \boxed{2}\quad \begin{array}{r} 57 \\ \times\ 57 \\ \hline \end{array}$$

說明：本類題與前面〔問題71〕所討論的問題類似，不過是把十位數與個位數二者的關係互調即可。因此，可以大致利用〔問題28〕的方式來解題，至於方式為何，請您再回想一下吧！

〔解答〕

在例題①中，由於其個位數相同，且十位數相加之和為10，因此可以利用〔問題28〕的方法來解題。首先將3 × 3的答案寫於右邊二位上，然後再計算5 × 5的答，並將它加上3後，寫於左邊二位上，這就是本題平方式的答案。

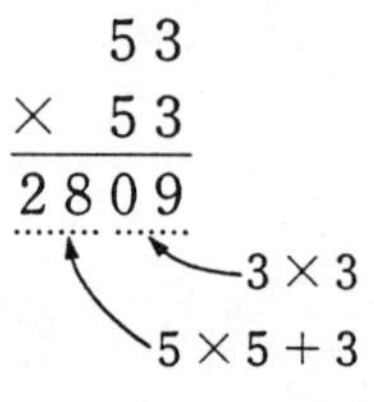

在做5 × 5加3的運算時，由於這是前面〔問題71〕中所沒有的計算過程，因此要特別注意。

在例題②中，也是使用相同的解題法。首先寫下

7 × 7 的二位數答案，然後再將 5 × 5 加 7 的答案，寫在左邊二位的位子上，這便是本題平方式的答案。

$$\begin{array}{r} 57 \\ \times\ 57 \\ \hline 3249 \end{array}$$

32 ← 5 × 5 + 7　　49 ← 7 × 7

使用以上的解題方式，由於不必一一列出計算步驟便可解題，使計算變成一件令人愉快的事。

練習問題 72

① $\begin{array}{r} 52 \\ \times\ 52 \\ \hline \end{array}$　② $\begin{array}{r} 54 \\ \times\ 54 \\ \hline \end{array}$　③ $\begin{array}{r} 59 \\ \times\ 59 \\ \hline \end{array}$

〔問題 73〕

與100相接近之數的二次平方法

1	97×97	2	106×106

說明：此類與100相接近之數的平方法運算，與〔問題41〕說明過的步驟相同。因此只要運用速算的方法，便可很快的解出答案，現在利用〔問題41〕的思考方式，好好想想本類型題目的魅力所在吧！

〔解答〕

在例題1中，由於二數與100的差皆爲3，所以首先將3×3的答案，寫在右側二位上，然後下兩位，再寫上97－3的答案，而這也就是本題平方式的答案。

$$\begin{array}{r} 97 \\ \times\ 97 \\ \hline 9409 \end{array}$$

（94：97－3；09：3×3）

此外，如果是運用〔問題41〕的方法，則是將3×3的答，寫在左邊二位上，然後再算出100－（3＋3）的答，一併爲此題的正確答案。但由於本題中兩個乘數皆爲97，所以當在做第二道算式時，只要直接用97－3即可簡明地速算出答案。

在例題②中，也是使用相同的原理。首先用6×6，將答案寫下右邊二位上，然後用106＋6，再寫於左下二位上，這便是本題平方式的正確答案。本題是因為二個乘數皆比100大，所以才在106上再加上與100的差6來計算。

```
   106
×  106
 11236
 ┈┈┈ ┈┈
  ↑    ↑
  │    └─ 6×6
  └── 106＋6
```

本處的平方式計算，與〔問題71〕相同，都是採用相當易解的速算法來找出答案的。

練習問題 73

① 94×94　② 103×103　③ 115×115

〔問題 74〕

與1000 相近之二數的平方法

□1 　993
　× 993

□2 　1008
　× 1008

說明：當在計算與1000相近之二數的平方法時，可以使用和〔問題73〕相同的方式來解題。特別是針對那些三位或四位數平方法的運算，更可發揮其功效。而且此類與1000相近之二數的平方法，也可視爲是特殊的二數相乘法。

〔解答〕

在例題□1中，由於二者與1000的差皆爲7，所以首先用7×7的答案寫在右邊三位上，然後再將993－7的答案，寫在左下三位上，這便是本題平方法的答案。而此處之所以會減7，是因爲式子中的993比1000小7的緣故。

　 993
× 993
986049

（049 ← 7×7；986 ← 993－7）

在例題□2中，也是使用相同的解題法。由於算式與1000的差爲8，所以在首三位上寫下8×8的答案，然後下三位上再記上1008＋8的答案，這也就是本題平方法的解。而此處之所以會加8，是因爲式子中的1008比1000大8的緣故。

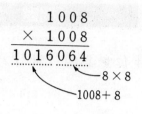

$$\begin{array}{r} 1008 \\ \times\ 1008 \\ \hline 1016064 \end{array}$$

1016 ← 1008＋8
064 ← 8×8

此外，在做此類與100或1000相接近之二數的乘法運算，如果其中一個數比標準數大，另一數較小時，可能在計算上會有點痲煩。但由於平方法的計算，不會有這種差異的情況產生，所以是比較簡明的計算方法之一。

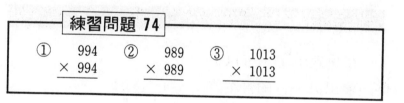

練習問題 74

① $\begin{array}{r} 994 \\ \times\ 994 \\ \hline \end{array}$　② $\begin{array}{r} 989 \\ \times\ 989 \\ \hline \end{array}$　③ $\begin{array}{r} 1013 \\ \times\ 1013 \\ \hline \end{array}$

〔問題　75〕

十位數與個位數皆為5的三位數之平方法

$$\boxed{1}\quad 355 \times 355 \qquad\qquad \boxed{2}\quad 755 \times 755$$

說明：由於355與755之類的數字，都是在十位與個位爲5的三位數，因此其平方數的計算，就變得很簡單易解。其解法可以參照〔問題71〕的方法，另行應用解題。

〔解答〕

在例題①中，可以很快地求出第一行的答案爲3525，因爲答案中前兩位的35，爲題目中355的前兩位。而下二位的25，則一直固定爲25，因此把它寫在答案的右下二位上。然後，再求出35 × 35的答案，把它寫在第二行左移二位的位置上，最後把兩行式子相加，即爲所求的正確答案。

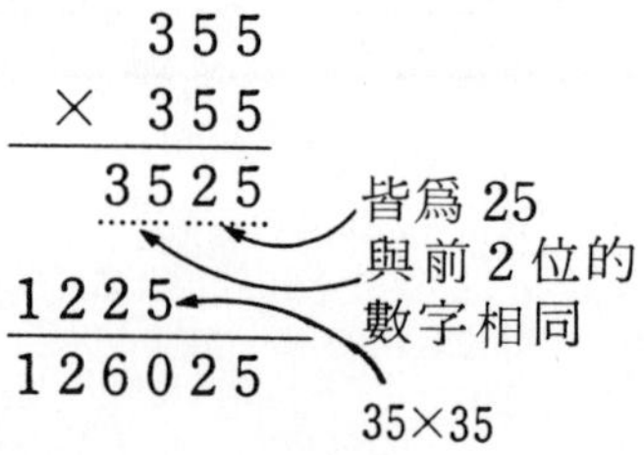

在例題②中，也是使用相同的方法，首先在第一

行的式子中寫下7525，然後在下一行的左移兩位上，寫下 75 × 75 的答案，把兩行的和相加，即爲所求。

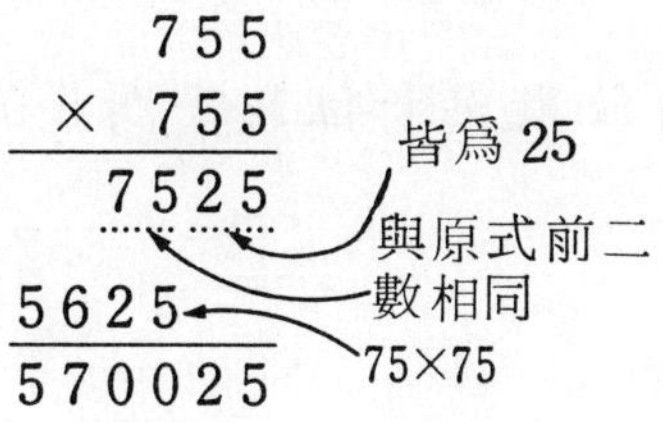

本例題所依據的理由如下：

把上兩位數設爲A，所以此數即可寫成 10A＋5，關於其平方式則爲：

$$(10A+5)^2 = 100A^2 + 2 \times 10A \times 5 + 25$$
$$= A^2 \times 100 + (100A + 25)$$

而在速算的過程中，只要將數字代入公式中即可。本類型題目，關於 A^2 的運算，可使用〔問題71〕的解題法來解題之。

練習問題 75

① 255 × 255　② 555 × 555　③ 855 × 855

〔問題　76〕

百位數與十位數皆為 5 的三位數之平方法

$$\boxed{1}\quad \begin{array}{r} 552 \\ \times\ 552 \\ \hline \end{array} \qquad \boxed{2}\quad \begin{array}{r} 556 \\ \times\ 556 \\ \hline \end{array}$$

說明：題目中的 552 與 556 ，皆是百位數與十位數爲 5 的三位數，對於此類問題的平方法，可以利用〔問題72〕的方法來解題，致於要做何種修正，則可以參考前面〔問題75〕的思考方式。

〔解答〕

在例題[1]中，首先利用〔問題72〕中的方法，來算出 52 × 52 的答案，然後再用 250 加上52，將答案寫在第二行左下三位的位置，最後把兩行計算式相加，則爲本題的正確答案。

$$\begin{array}{rl} 552 & \\ \times\ 552 & \\ \hline 2704 & \leftarrow 52\times 52 \\ 302 & \leftarrow 250+52 \\ \hline 304704 & \end{array}$$

在例題[2]中，也是使用相同的方法。首先寫下 56 × 56 的答，然後再以 250 加上56，並寫於下一行左下三位的位置，最後把二者的和

$$\begin{array}{rl} 556 & \\ \times\ 556 & \\ \hline 3136 & \leftarrow 56\times 56 \\ 306 & \leftarrow 250+56 \\ \hline 309136 & \end{array}$$

相加，即爲其答案。

本類型題目依據的理由如下：

把後二位的數字設爲A，因此題目則變成500＋A，其平方式也可寫成：

$$(500+A)^2=250000+2\times500\times A+A^2$$
$$=(250+A)\times1000+A^2$$

平常在計算時，只要直接將數字代入公式中，即可求答。而關於A^2的計算，可利用〔問題72〕中所討論的方法來求出，相當地簡單易解。

練習問題 76

① 553×553　② 557×557　③ 559×559

〔問題 77〕

個位數字為4或6之二位數的平方法

$$\boxed{1}\quad \begin{array}{r} 34 \\ \times\ 34 \\ \hline \end{array} \qquad \boxed{2}\quad \begin{array}{r} 76 \\ \times\ 76 \\ \hline \end{array}$$

說明：當計算十位數相同，且個位數之和為10時的乘法，可以用〔問題22〕的方法來速算之。但當其計算式中，十位數相同，個位數的和不為10時，則只要將原來〔問題22〕的方法略做修正，即可用來解題。

〔解答〕

在例題1中，由於34可以看成是：

$$34=36-2$$

因此原式可寫成：

$$\begin{aligned} 34\times34 &= 34\times(36-2) \\ &= 34\times36-34\times2 \end{aligned}$$

於是用34×36的答案，再減去34×2，即是本題的答案，且34×36的計算，可用〔問題22〕的方法解題。

$$\begin{array}{rl} 34 & \\ \times\ 34 & \\ \hline 1224 & \leftarrow 34\times36 \\ -\quad 68 & \leftarrow 34\times2 \\ \hline 1156 & \end{array}$$

在例題[2]中，可將一個76看成：

76＝74＋2

因此原式可寫成

$$76\times76=76\times(74+2)$$
$$=76\times74+76\times2$$

於是將 **76 × 74** 後，再加上 **76 × 2** 即爲本題的速算法。而且在此類的題型中，以心算算出二位數的 **2** 倍之答案，也是很容易的計算。

```
      76
    × 76
    5624  ←76×74
  +  152  ←76×2
    5776
```

練習問題 77

① 46×46　② 74×74　③ 86×86

〔問題 78〕

簡易的二位數之平方法

1 $\begin{array}{r} 38 \\ \times\ 38 \\ \hline \end{array}$　　2 $\begin{array}{r} 72 \\ \times\ 72 \\ \hline \end{array}$

說明：所謂簡易的二位數之平方法，是利用最簡單的方法，來算出此二位數的平方乘積。本類題與後面〔問題97〕，應特別注意避免計算錯誤，這對於特殊計算的處理上，會有良好的效果出現。而且利用這個方式之前，必要先具備有乘法的常識，便可很快地明白此題型的思考重點了。

〔解答〕

在例題1中，首先將 8 × 8 的答案，寫在第一行計算式的最右邊，然後在其左邊，再寫下 3 × 3的答案。接著在第二行計算式中，先算出 3 × 8 後，再把它乘上 2 倍，並寫於左下一位的位置上，把一、二行的答案相加，便是本題的答案。

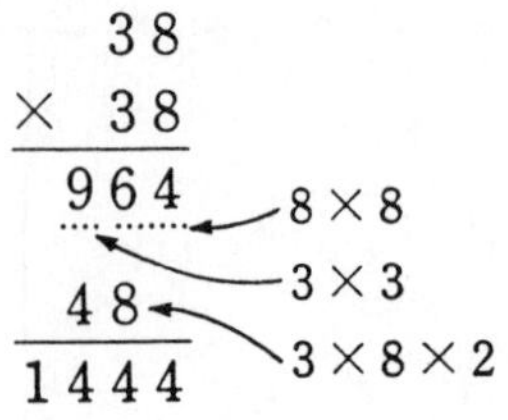

此外，關於 3 × 8 的 2 倍之計算方法，先以 3 × 2 計算出後，再用 6 × 8 來算，比較方便。

在例題[2]中，也是使用相同的解題方式。首先把 2 × 2 的答，寫在第一行的右邊二位上，然後再把 7 × 7 ，寫在其左邊的位置上。接下來把 7 × 2 放大 2 倍後，寫於左下一位的位置上，兩行計算式相加，便是本題的答案。

```
   72
×  72
 4904  ← 2×2, 7×7
  28   ← 7×2×2
 5184
```

本題所依據的原由如下：

把十位數設爲 a ，個位數設爲 b，因此其二位數可以寫爲 10 a ＋ b，它的平方則爲：

$$(10a+b)^2=100a^2+2\times10a\times b+b^2$$
$$=(a^2\times100+b^2)+2ab\times10$$

平常計算時，直接代入公式即可算出。

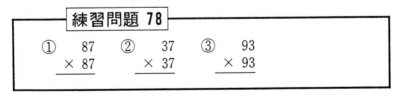

練習問題 78

① 87×87　② 37×37　③ 93×93

第五章
分開運算時除法的速算

〔問題　79〕

以 2 、 5 來做分開除法的運算

□1以 2 來做 843268 分開除法

□2以 5 來做 294315 分開除法

說明：當以 2 或 5 來做分開除法時，它的判定是很簡單的。甚至連多餘的說明都沒有必要，因爲其除數是一位數的除法，又要將順序排好，便可很容易地求出解答。

〔解答〕

像我們一般使用的計算方法，稱之爲十進法，把十倍的數字進到下一位，相信大家都已相當地習慣了。但是我們現在所要說明的，是每逢 2 進一位的二進法，及每逢 16 進一位的十六進法。

在做分開除法的運算時，尤其是除數爲一位數，使用何進法，是關鍵重點所在。

在十進法中，由於具有 $10 = 2 \times 5$ 的性質，所以把10分解成爲 2 與 5 ，再由它來判定其分開除法的答，自然就變得很簡單易懂了。

在例題□1中，由於是以 843268 來做 2 的分開除法，因此原式可寫成：

$$843268=843260+8$$
$$=(84326\times 5)\times 2+8$$

10以上的數用 2 來做分開除法，馬上可確認出其答案，而且在末尾的一位上，如果爲偶數，就表示可以整除，但若爲奇數，算式中則會餘 1 。

在例題[2]中，使用以 5 來做分開除法是相同的原理，首先將原式寫成：

$$294315=(29431\times 2)\times 5+5$$

然後再判定末尾一位的數。末尾一數爲 0 或 5 ，就可被 5 整除，如果末尾一數除以 5 後有餘數，這就表示爲原式除以 5 以後的餘數。

練習問題 79

①以 2 來做 743187 的分解除法
②以 5 來做 277208 的分解除法

〔問題 80〕

以25來做分解除法

1 以4來做298736的分解除法

2 以25來做318875的分解除法

說明：此類使用4或25為除數的分解法，其判定可應用前面〔問題79〕的方法。由於2的2倍為4 5的5倍為25，所以做法大致相同，但因現在不單做尾數的判定即可求出，這是要特別注意之處。

〔解答〕

由於10為2與5的積，因此100也可看成是

$$100 = 4 \times 25$$

因此例題1中，其原式298736可以寫成是：

$$298736 = 298700 + 36$$
$$= (2987 \times 25) \times 4 + 36$$

因為本式是100以上的數除以4，所以我們可以先看末尾二位即可決定是否會出現餘數。因為第二位以上的數，已包含了4的因數，自然可以整除，因此我們只要看末尾二數，因為36可被4整除，所以298736

自然可被 4 整除了。

在例題[2]中，318875 是否可以 25 整除，做法與上題相同，首先把原式寫成：

$$318875=(3188\times 4)\times 25+75$$

然後再由末尾二數來決定其餘數。如果末二位可以爲 25 整除，自然整個數就可以爲 25 整除；如果不能整除，全體自然無法整除了。

在這個問題中，當以 75 來除以 25 時，也等於是用 318875 來除以 25 。

練習問題 80

① 904124 以 4 來做分解除法

② 412345 以 25 來做分解除法

〔問題 81〕

以 6 來做分解除法

1 以 3 來做 87531 的分解除法

2 以 6 來做 790434 的分解除法

說明：當在做此類除數為 3 、 6 的分解除法之判定時，與前面提到以 2 、 4 、 5 、 25 的除法皆不相同。不必管它尾數是多少，也不用管是幾位數，甚至也不用整個被除數來做除以 3 或 6 的除法，利用速算法，自然可以很快地算出答案了。

〔解答〕

在做例題 1 中，87531 以 3 除的判定時，只要將各個位數相加：

$$8+7+5+3+1=24$$

而此處算出的 87531 即稱之為數字和。用其數字和來除以 3，自然可以判定答案中是否有餘數。因為原式可以寫成：

$$87531 = 8\times(9999+1)+7\times(999+1)$$
$$+5\times(99+1)+3\times(9+1)+1$$
$$=(8\times3333+7\times333+5\times33+3\times3)\times3$$
$$+(8+7+5+3+1)$$

所以以24來除以3的式子，也等於是用87531來除以3的分解除法。以24的數字和，即使是除以6也是可以整除的。

像此類將其數字，按位數一個個相加起來，稱爲求其數字和。如果最後一位數爲9時，可以先行減去而爲0，因爲此數與最後的一位數，如果介於0到8之間，相加起來才有差別，此稱之爲數字根。

在例題②中，判定以6爲除數的分解除法時，首先求出790434的數字和，然後再找出以3除後的答案。因爲7＋9＋0＋4＋3＋4＝27，可以被3整除，再由於此數790434爲偶數，定可被2整除，所以綜合以上論點，790434一定可以被3×2的6整除。

練習問題 81

①867783以3來做分解除法
②以7482558來做6的分解除法

〔問題　82〕

以 7 來做分解除法（ PART 1 ）

[1] 11361 以 7 來做分解除法

[2] 394529 以 7 來做分解除法

說明：要判定某數目是否能被 7 除盡，有很方便的方法。但是，如果不明瞭秘訣，則恐難以想像得到。首先，先檢查第 6 位數以後的數字，接著再按照〔問題83〕來檢查全部的數字。這連一般專家也大多不知道。

〔解答〕

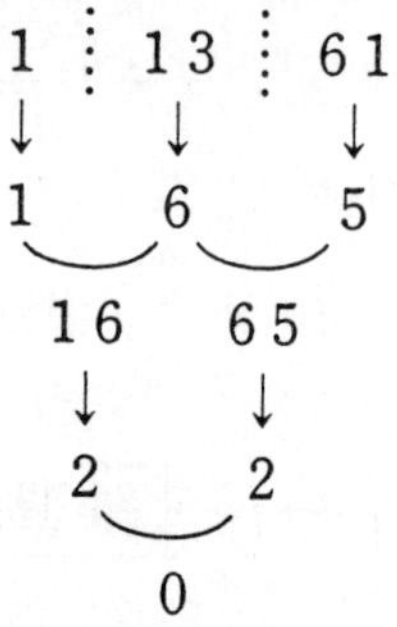

在例題[1]中，將題目由末尾開始，每隔二位作一區分，再把每一單位用 7 來除。然後將得數兩位數連在一起，變成 16 與 65 ，再用 7 來除。最後再將得出之二數，以右邊減左邊，即爲 11361 除以 7 得到的餘數。由於本餘數求出來後的答案爲0 ，也就可以得知本題 11361 除以 7 ，其餘數爲0 。

在例題[2]中，也是使用相同的方法解題。最後一個步驟中，因爲右數減左數其差爲2 ，所以這也就是394529除以7之餘數。

本題所依據的理由如下：

由394529中分解出4、3、1的原因是：

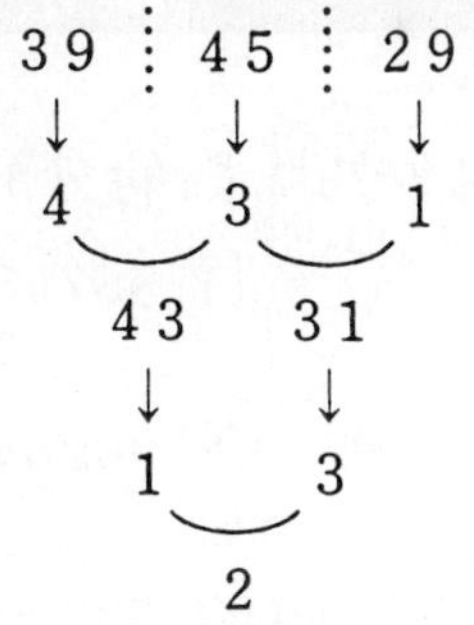

394529－(350000＋4200＋28)

＝40301

＝4×10000＋3×100＋1

所以找出其公式爲：(a×10000＋b×100＋c)，而又因爲10000＝1428×7＋4、100＝14×7＋2所以以(a×10000＋b×100＋c)除以7所得的餘數，與(4a＋2b＋c)除以7所得的餘數相同。另一方面，在第二行的計算式中之43及31，由於可看成是a＝4，b＝3，c＝1的式子，所以也可寫成(10a＋b)(10b＋c)的形式。

因爲以上的原理，最後以右數減左數的差，按照以7的倍數來看，則可寫成是：

$$(10b+c)-(10a+b)=(4a+2b+c)$$

綜合兩方的寫法，可以發現前式與後式完全相同，(實際上只有7的倍數不同而已)。最初以394529除以7所得的餘數，與最後用31－43（又可寫爲3－1）來除以7所得的餘數，皆爲相同的答案。

練習問題 82

①242172以7爲除數之分解除法

②416797以7爲除數之分解除法

〔問題 83〕

以 7 為除數的分解除法（ PART 2 ）

1 457654218 以 7 來做分解除法

2 902548683927 以 7 來做分解除法

說明：1000000 除以 7 ，其商爲142857 ，且餘數爲 1 。此處餘數的 1 ，是相當重要的運算重點，因爲它介於使原數爲七位數或六位數的關鍵。利用這個重點，可以引用〔問題 82 〕的方法，無論題目爲幾位數皆可解題。

〔解答〕

由於 1000000 除以 7 後可寫成：

1000000 ÷ 7 = 142857 …… 餘 1

因此 457000000 除以 7 後，自然與用 457 來除以 7 的餘數相同。利用這個原理，自配合上〔問題 82 〕的方法，就可以輕鬆解題了。

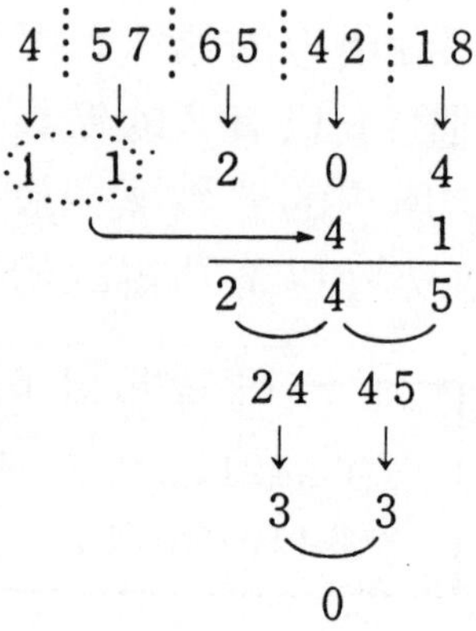

在例題1中，也是自末尾開始，每隔兩位做一個區分。

畫成 18、42、65、57 及 4 這幾部分，再分別以 7 除之。然後將最左邊的 4 與 1，移到最右邊去，與上一行的 204 相加，再以 7 來除之。最後用 24 與 24 除以 7 所得的商，自右減左，這就是 457654218 除以 7 所得的餘數。

此題是以六位數爲基準，超過六位數以上者，就把多餘的部分移到前 6 部分的下一行相加運算即可，無論再多位數，也是採用相同的辦法解題。

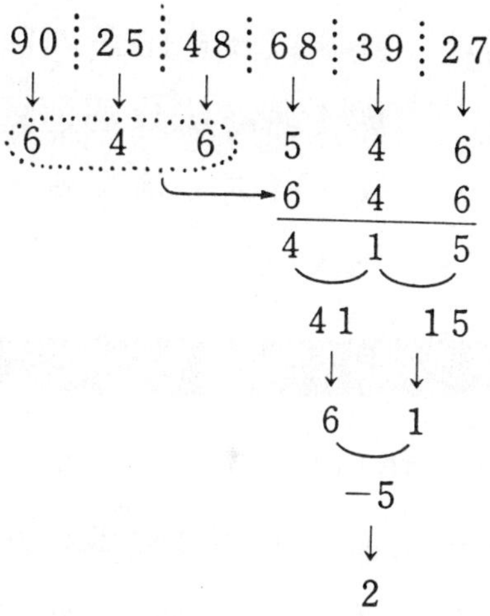

在例題②中，也是採用相同的區分法，但是在最後一個步驟，其餘數要算成 2，這也就是以 902548683927 除以 7，其餘數爲 2，兩者的答案相同。

練習問題 83

①6406638 除以 7 的除數分解法

②3528931644 除以 7 的除數分解法

〔問題　84〕

以8、16為除數的除數分解法

1 687184以8爲除數的除數分解法

2 968944以16爲除數的除數分解法

說明：此類以8或16爲除數的分解運算，實際上是2與4之除法分解運算的擴大。因爲2的2倍爲4，4的2倍爲8，8的2倍爲16，自然得以擴大運作。

〔解答〕

10以2來做除法分解，實際上與100用4來做除法分解，1000用8來做除法分解及10000來做16的除法分解，原理皆相同。皆是由於

$$\left.\begin{array}{l}1000\div 8=125\\10000\div 16=625\end{array}\right\}\text{皆可整除}$$

因此例題1中的687184，可看成是：

$$\begin{aligned}687184&=687000+184\\&=(687\times 125)\times 8+184\end{aligned}$$

因1000以上的整數，皆可以8整除，所以只要運算末尾的三位數即可。看這三位數除以8後的餘數爲何，

自然也就是本題全體數字除以 8 後的餘數。

在本題中，由於 184 除以 8 可整除，因此可知 687184 除以 8 亦可整除。

在例題[2]中，可以把968944 寫成：

$$968944 = 960000 + 8944$$
$$= (96 \times 625) \times 16 + 8944$$

所以可得知 10000 以上的整數皆可被16 整除，而且只要將末尾的四位數 8944 除以16 後，看所得餘數爲多少，這也就是968944 除以16 後的餘數。此外，當在做8944除以16時，用因數爲 2 的連續 4 次之因式分解，能更迅速地求出答案。

```
2 ) 8944
2 ) 4472
2 ) 2236
2 ) 1118
     559
```

練習問題 84

①31768376 以 8 來做除數分解法

②28733216 以 16 來做除數分解法

〔問題　85〕

以 12 、 18 來做除數的分解法

1 5873643 以 9 來做除數分解法

2 2549112 以 12 來做除數分解法

3 5317722 以 18 來做除數分解法

說明：此類型題目，與〔問題81〕求數字和的解法相同，將數字和求出後，再用 9 來除，自然可以找出餘數。事實上，此類利用數字和（又稱數字根）的方法，不但可以運用於求除以 3 的除法算式中，也可運用於除以 9 的除法算式，藉以求出其餘數。

〔解答〕

在例題1中，題目的 5873643 可以寫成與〔問題81〕相同的寫法：

$$5873643 = 5 \times 999999 + 8 \times 99999 + 7 \times 9999 + 3 \times 999 + 6 \times 99 + 4 \times 9 + (5 + 8 + 7 + 3 + 6 + 4 + 3)$$

而其最後一部分的數字和爲：

$$5 + 8 + 7 + 3 + 6 + 4 + 3 = 36$$

利用這一部分的數字和除以 9 之餘數，來表示全體數字除以 9 後的餘數，這相同的方法，可以運用於除數爲 3 與 9 的計算式上。而且本題數字和爲36，以它來除以 9 的餘數解答，也就是原式中以 5873643 來除以 9 的餘數解答。

在例題[2] 2549112 中，由於其數字和爲：

$$2+5+4+9+1+1+2=24$$

所以表示可以用 3 來整除，此外，2549112 的末尾 2 個數字爲12，自然可以用 4 來整除。綜合上列辦法：2549112 可被 3 與 4 同時來做除法分解，所以可以被二者之積12來做除法分解。

在例題[3] 5317722 中，由於其數字和爲：

$$5+3+1+7+7+2+2=27$$

所以表示可以用 9 來整除。此外，又因爲 5317722 爲偶數，自然可以被 2 整除。綜合上列辦法：可被 9 與 2 同時來做除法分解，所以可以被二者之積18來做除法分解。

練習問題 85

①33860637以 9 來做除法分解
②73792692 以 12 來做除法分解
③22353804 以 18 來做除法分解

〔問題 86〕

以 11 來做除數的分解法

1 94754 以 11 來做除數分解法

2 724658 以 11 來做除數分解法

說明：此類除數爲11之除數分解法的判定，可以利用前面的方法來解題。因爲像 10 、 100 、 1000 ，與100000之類的數，在 1 的後面都有數個 0 相連接。如果 0 的個數爲奇數個時，把它的尾數加 1 ，就可以用11來除了；如果 0 的個數爲偶數個時，把它的尾數減 1 ，也同樣可以用 11 來除。所以參考上述的公式，思考一下本類的做法。

〔解答〕

由於99、9999、及 999999 皆爲偶數個 9 相並連而成的數字，所以可以用11來除，因爲把它們放大10倍再加11 ，就可以被 11 除法分解了。

如：

$99\times10+11=1001$

$9999\times10+11=100001$

$999999\times10+11=10000001$

在例題[1]中，94754 可以寫成：

$$\begin{aligned}94754 &= 90000+4000+700+50+4\\ &= 9\times(9999+1)+4\times(1001-1)\\ &\quad +7\times(99+1)+5\times(11-1)+4\\ &= 9\times9999+4\times1001+7\times99+5\times11\\ &\quad +(9-4+7-5+4)\end{aligned}$$

以我們只須利用 $9-4+7-5+4=11$ 的式子，就可以算出以原式 94754 除以 11 的分解法。而且這種求各個位數之數字和的方法，又相當簡單易解，以這數字和來除以 11 的解，就等於 94754 除以 11 的解。

在例題[2]中，共 724658 可以寫為：

$$7-2+4-6+5-8=0$$

所以以這個數字和除以 11 的解，正是本題的解。因為求出之數正巧為 0 ，也就是表示本題必可整除。

練習問題 86

①283635 以 11 來做除數分解法

②79283908 以 11 來做除數分解法

〔問題 87〕

以13來做除數的分解法

[1] 45617以13來做除數分解法

[2] 589186以13來做除數分解法

說明：此類除數以13來做除數分解法時，其順序相當地簡單，而且依照其位數多少的比例，來決定計算的方式。所以，以13爲除數的分解法，實際上是相當容易的。

〔解答〕

$4 \times 3 - 5 = 7$
$7 \times 3 + 6 = 27 \rightarrow 1$
$1 \times 3 - 1 = 2$
$2 \times 3 + 7 = 13 \rightarrow 0$

在例題[1]中，首先用45617的首兩位之45，把它的4放大3倍後再減去5，得到7的答案。然後再將這個7乘以3倍後，加上第三位的6，得出27。因爲27比13大，再除以13，得到其餘數爲1。接下來用這個1再放大3倍，減去第四位的1，得到2。最後把這個2乘以3倍後，再加上第五位的7，得到13，正好可以用13再去除，得到餘數爲0的答案。

在以上的計算過程中，皆是以前一位所求出的數，與下一位交互相減、相加，得到餘數爲0的答案，因此可得知：45617除以13，是可以完全分解整除的。

本題所依據的理由如下：

因爲一個二位數，一般可以寫成：（10a＋b），再由其間減去13a，就變成－（3a－b）。這也就是由a的3倍中，再減去b的負數，所以寫成－x。然後再把b的下一位數設爲c，此二位數又可以寫成：（－10x＋c）。把此二位數加上13x，就變成（3x＋c），因爲這也就是把x乘以3倍後再加c，所以把它的3倍中，相互地相減、相加後，自然可以得到所要的解答。

$$5 \times 3 - 8 = 7$$
$$7 \times 3 + 9 = 30 \rightarrow 4$$
$$4 \times 3 - 1 = 11$$
$$11 \times 3 + 8 = 41 \rightarrow 2$$
$$2 \times 3 - 6 = 0$$

在例題②中，589186的計算，也是使用相同的方式。利用它來判定除以13後，所得的除式分解答案。

練習問題 87

①77389以13爲除數的分解法

②1084174以13爲除數的分解法

第六章
速算的驗算方法

〔問題 88〕

加法的驗算

$$\boxed{1}\quad \begin{array}{r} 3623 \\ 1218 \\ +\ 1897 \\ \hline 6738 \end{array} \qquad \boxed{2}\quad \begin{array}{r} 29528 \\ 47113 \\ +\ 5078 \\ \hline 81719 \end{array}$$

說明：當在做加法的運算時，爲了確定答案是否正確，並不一定要再重新計算一次。而是使用所謂的「九去法」，利用簡易的檢算（即爲驗算），來求出正確答案。九去法是不使用小數點關係的驗算法，也是阿拉伯人所使用的計算方式。

〔解答〕

在例題1中，爲了要求幾個數字的總和，因此將二位以上的數字，通通把它們化爲一位數字的連加，最後再利用〔問題81〕中所敍述的數字根之方法，來求其答案。由數字根所求出的和，與先前算出的答案6738做一比較，如果完全吻合，則就表示其爲正確答案。

$$\begin{array}{rl} 3623 & \to 3+6+2+3 \to 14 \to 5 \\ 1218 & \to 1+2+1+8 \to 12 \to 3 \\ +1897 & \to 1+8+9+7 \to 25 \to 7 \\ \hline 6738 & \to 6+7+3+8 \to 24 \to 6 \end{array} \quad \left.\right\} \xrightarrow{+} 15 \to 6$$

本類題所依據的理由，在最後一章內才做詳細的說明，在此處只做要約的敍述。

根據〔問題 85〕所敍述的方法，由於數字根是將其數除以 9 後，求出所得的餘數。所以與把數字根做加法運算，再以 9 相除來檢算其餘數，兩者的方法完全相同。因此，此類的方法，只限用於驗算 9 的倍數之計算過程，比較少有其它的用法。

由於這個方法大多使用於 9 的運算中，而且是將 9 一個個減去的方法，所以稱之爲「九去法」。

在例題②中，也是使用相同的九去法，來驗算其正確答案。

$$
\begin{array}{r l}
29528 & \rightarrow 2+9+5+2+8 \rightarrow 26 \rightarrow 8 \\
47113 & \rightarrow 4+7+1+1+3 \rightarrow 16 \rightarrow 7 \\
+\ 5078 & \rightarrow 5+0+7+8 \rightarrow 20 \rightarrow 2 \\
\hline
81719 & \rightarrow 8+1+7+1+9 \rightarrow 26 \rightarrow 8
\end{array}
\quad
\left.\right\} \xrightarrow{+} 17 \rightarrow 8
$$

由於本問題，只要計算各行的數字根，並且可以省略把 9 全部整合起來的計算，所以是相當有效率的方法。

練習問題 88

請驗算下列式子：

①
$$
\begin{array}{r}
3942 \\
9694 \\
+\ 5677 \\
\hline
19413
\end{array}
$$

②
$$
\begin{array}{r}
48173 \\
38435 \\
8845 \\
+\ 68092 \\
\hline
163545
\end{array}
$$

③
$$
\begin{array}{r}
90543 \\
95436 \\
62204 \\
+\ 78149 \\
\hline
316332
\end{array}
$$

〔問題　89〕

減法的驗算

$$\boxed{1}\quad \begin{array}{r} 6986 \\ -\ 3797 \\ \hline 3189 \end{array} \qquad \boxed{2}\quad \begin{array}{r} 924524 \\ -\ 746857 \\ \hline 177667 \end{array}$$

說明：以九去法來做驗算，也可應用於減法上。可以 9 來做除數，求其餘數的方法，用來思考減法運算。而且，加法與減法，實際上都是運用相同的方法來解題。

〔解答〕

在例題$\boxed{1}$中，可以先將每一個數的數字根求出來。6986 爲2 、3797 爲8 、3189 爲3 。然後用 2 減 8 ，再由

$$2-8=-6$$

－6 中加9 ，成爲3 。接下來與由九去法的方式相同，此處則採用自由加 9 的方法，來求二邊式子的平衡。

$$\begin{array}{l} \left.\begin{array}{l} 6\,9\,8\,6 \rightarrow 6+9+8+6 \rightarrow 29 \rightarrow 11 \rightarrow 2 \\ -3\,7\,9\,7 \rightarrow 3+7+9+7 \rightarrow 26 \rightarrow 8 \end{array}\right\} 2-8 \rightarrow -6 \rightarrow 3 \\ \hline \quad 3\,1\,8\,9 \rightarrow 3+1+8+9 \rightarrow 21 \rightarrow 3 \leftarrow \cdots\cdots \end{array}$$

使用九去法計算的結果，二邊的結果自然介於 0 到 8 之間，而且後來求出的答案，與原來的相同即爲正解。

在例題②中，求出其數字根後，再做其減法，則爲：

$$8-1=7$$

然後再考慮這個減法是否計算正確。

924524 → 9 + 2 + 4 + 5 + 2 + 4 → 26 → 8
−746857 → 7 + 4 + 6 + 8 + 5 + 7 → 37 → 10 → 1　} 8 − 1 → 7
177667 → 1 + 7 + 7 + 6 + 6 + 7 → 34 → 7

練習問題 89

請驗算下列問題：

① 791086 − 37199 = 753887

② 74281147 − 56567689 = 17713458

〔問題 90〕

加法、減法混合計算的驗算

$$\boxed{1}\quad \begin{array}{r} 97243 \\ -\ 38165 \\ +\ 14237 \\ -\ 54319 \\ \hline 18996 \end{array} \qquad \boxed{2}\quad \begin{array}{r} 764842 \\ -\ 572994 \\ +\ 875536 \\ -\ 936698 \\ \hline 131686 \end{array}$$

說明：以九去法來驗算時，也可應用於加法、減法混合的計算式中。而且不論其計算內容有多複雜，皆可發揮九去法的威力，很容易地解出其答案。

〔解答〕

在例題$\boxed{1}$中，雖然是為混合運算的式子，但只要把一個一個的數字根求出，再利用其數字根來解題。

$$\left.\begin{array}{l} 97243 \rightarrow 9+7+2+4+3 \rightarrow 25 \rightarrow 7 \\ -38165 \rightarrow 3+8+1+6+5 \rightarrow 23 \rightarrow 5 \\ +14237 \rightarrow 1+4+2+3+7 \rightarrow 17 \rightarrow 8 \\ -54319 \rightarrow 5+4+3+1+9 \rightarrow 22 \rightarrow 4 \\ 18996 \rightarrow 1+8+9+9+6 \rightarrow 33 \rightarrow 6 \end{array}\right\} \rightarrow \begin{array}{r} 7 \\ -5 \\ +8 \\ -4 \\ \hline 6 \end{array}$$

當求出的答案，與原式混合運算的答案相同時，便爲本題的正確答案。

在例題[2]中，其混合計算的式子，也是使用數字根的運算方法來解題。

```
 764842 →7+6+4+8+4+2→31→4         ┐     4
-572994 →5+7+2+9+9+4→36→9→0       │     0
+875536 →8+7+5+5+3+6→34→7         ├→   +7
-936698 →9+3+6+6+9+8→41→5         │    -5
───────                           │    ──
 131686 →1+3+1+6+8+6→25→7         ┘     6
```

由驗算的式子中，可看出二個答案不相同，因此可斷言本題的計算式子必然有錯誤，而且正確的答案應爲130686才是。

當驗算與原來的答案不同時，由於數字根的計算只要確定無誤，必然可以知道是原來的答案計算錯誤。所以字根的計算，對於驗算原式的準確上，佔了相當重要的地位。

練習問題 90

請驗算下列式子：

```
①     192825      ②    81375193
    - 449086         - 57131379
    + 910216         + 22326516
    - 607071         - 74849821
    ────────         + 51734764
       46884         ──────────
                       23355273
```

〔問題 91〕

乘法的驗算

$$\boxed{1}\quad \begin{array}{r} 3746 \\ \times\ 286 \\ \hline 1071356 \end{array} \qquad \boxed{2}\quad \begin{array}{r} 9547 \\ \times 6849 \\ \hline 65397403 \end{array}$$

說明：當在做加法與減法的驗算時，不過是利用一般的計算，再計算過一次，不會花太多的時間。但是，當在做乘法驗算時，由於其位數比較多，會比較麻煩。但九去法眞正的威力，也就在此處能夠發揮得淋漓盡致。

〔解答〕

以 9 來除，求其餘數再做比較的方法，在乘法中又會運用到。實際上，比起用 7 或 8 來除且求其餘數的方法，用 9 來除且求其餘數，相形之下是簡單多了。

現在，先求出例題1中的數字根：

$$\left.\begin{array}{r} 3746 \rightarrow 3+7+4+6 \rightarrow 20 \rightarrow 2 \\ \times\quad 286 \rightarrow 2+8+6 \rightarrow 16 \rightarrow 7 \\ \hline 1071356 \rightarrow 1+0+7+1+3+5+6 \rightarrow 23 \rightarrow 5 \end{array}\right\} \rightarrow \begin{array}{r} 2 \\ \times 7 \\ \hline 5 \end{array} \quad (2 \times 7 = 14 \rightarrow 5)$$

得出的答案，與原先的答案相吻合，就表示是爲正確答案。

在例題②中，也是先求出其數字根。

$$
\begin{array}{r}
9547 \\
\times\ 6849 \\
\hline
65397403
\end{array}
\begin{array}{l}
\rightarrow 9+5+4+7\rightarrow 25\rightarrow 7 \\
\rightarrow 6+8+4+9\rightarrow 27\rightarrow 9\rightarrow 0 \\
\rightarrow 6+5+3+9+7+4+0+3\rightarrow 37\rightarrow 1
\end{array}
\left.\begin{array}{l} \\ \\ \\ \end{array}\right\}\rightarrow
\begin{array}{r}
7 \\
\times 0 \\
\hline
0
\end{array}
$$

由驗算出的答案，與原先的答案不同，所以可以判定出此題乘法必然計算錯誤。我們只要根據它可能出錯的地方再計算一下，不必利用一般的乘法重新計算一次，便可得到正確的答案**65387403**。

九去法的驗算，只限於發現計算時的失誤，並沒有辦法同時提出修正的正確答案。

練習問題 91

請驗算下列式子：

① $\begin{array}{r} 3089 \\ \times\ 947 \\ \hline 2925283 \end{array}$　② $\begin{array}{r} 84627 \\ \times\ 4373 \\ \hline 370073871 \end{array}$

〔問題 92〕

除法的驗算

[1] $289 \overline{)1993233}$ = 6897……餘 0

[2] $378 \overline{)14713298}$ = 38924……餘 26

說明：由於除法是乘法的逆向計算，所以當以九去法來做驗算時，必須首先用乘法的方式來列式。而且在做數字根的計算時，可使用與乘法相同的方式，只是因爲除法計算時會有餘數的問題，應該多加注意。

〔解答〕

在例題[1]中，由於原式可以寫成：

$6897 \times 289 = 1993233$

其數字各別的數字根則爲：

$6897 \rightarrow 6+8+9+7 \rightarrow 30 \rightarrow 3$

$289 \rightarrow 2+8+9 \rightarrow 19 \rightarrow 1$

$1993233 \rightarrow 1+9+9+3+2+3+3 \rightarrow 30 \rightarrow 3$

把其數字根相乘起來，得出：

$3 \times 1 = 3$

由於驗算出來的數字相符合，因此可知本題除式的計算答案正確。

在例題②中，因爲還有餘數，所以原式寫爲：

38924×378＋26＝14713298

而其數字之數字根，分別計算如下：

38924→8、378→0、26→8

14713298→8

所以把其數字根相互計算後，得出：

8×0＋8＝8

由於驗算出來的數字相符合，因此可知本題除式的計算答案正確。

練習問題 92

請驗算以下式子：

① 32) 9152 ＝ 286　　② 6843) 3606285 ＝ 527……餘 24

☆九去法的原理

在本章中強調，當在做加減乘除的驗算時，使用九去法，將可發揮它強大的解題威力。

至於九去法，必須對它的應用方式做一個簡單的說明，但爲了不要太多費周章地解釋，我們可以先由其思考方式上來著手。

如果要用最簡單的解釋來說明九去法，它將可以說明爲以下的運算法：因爲在一般的加法、減法、乘法及除法當中，當把它們的數字和（又稱爲數字根）相互作用後，可以判斷出原先的計算是否無誤，所以我們就把這個方法，拿來當做計算式的驗算工具。此時，我們又可將減法看成是加法的逆向運算；除法是乘法的逆向運算，基本上只要在加法和乘法的作用上做一說明即可，而關於減法及乘法的說明就可以省略。

現在，就讓我們先來探討一下，關於數字和與數字根的相對性質。

〔性質1〕

當有一個數字以9來除之，得到的餘數，與用它的數字和來除以9所得的餘數相等時，可以得知其餘數必也與其數字根一致。

例如，我們把五位數的48676寫成以下的形式：

$$\begin{aligned}48676&=40000+8000+600+70+6\\&=4\times(9999+1)+8\times(999+1)\\&\quad+6\times(99+1)+7\times(9+1)+6\\&=(4\times9999+8\times999+6\times99+7\times9)\\&\quad+(4+8+6+7+6)\end{aligned}$$

所以由式中也可得知：48676除以9之餘數，自然與其數字和31（＝4＋8＋6＋7＋6）來除以9之餘數相等。基於相同的理由，用31除以9所得的餘數相等。

在本例題的48676中，把二位數的數字和，儘量化成一位數來運算。因爲原先的數目比較大，如果能利用數次數字和的運作，把它化成一位數時，自然比較容易比較。當把最終的數字和再與9作用後，即爲其數字根，如果最後一位的數字和正巧爲9時，可再減9，而得出其數字根爲0，這也就表示：數字根全部介於0到8之間的數字。

接下來我們再來討論，使用九去法來做加法驗算時，其根據的基本性質爲何？請看下面的例子：

〔性質2〕

當用一個數的和除以9所得的餘數，必然會與其數的數字和（數字根）之和，除以9後的餘數二者相等。

在〔性質1〕中得知，做加法運算時，可以將它們的加數一個個加起來後，再一起除以9，求其餘數。這與用它的數字和來除以9求其餘數，不論哪一個數的數字根都會相等。現在舉〔問題88〕的例題①爲例：

3623＝（某數的9倍）＋（3＋6＋2＋3）
＝（某數的9倍）＋5
1218＝（某數的9倍）＋（1＋2＋1＋8）
＝（某數的9倍）＋3
1897＝（某數的9倍）＋（1＋8＋9＋7）
＝（某數的9倍）＋7

把此三數相加，亦可寫成：

3623＋1218＋1897
＝（某數的9倍）＋（5＋3＋7）
＝（某數的9倍）＋6

由於它們的和爲6738，所以可寫成：

6738＝（某數的9倍）＋（6＋7＋3＋8）
＝（某數的9倍）＋6

因此用以上兩種方法，所求出皆爲相同的答案。當在做數字和與數字根的驗算時，根本可以無視其9的倍數之存在，就可以算出其答案是否正確了。而且只要略具避免計算錯誤的常識，一般都不會把9的運算看錯，所以說只要九去法的驗算結果正確，就表示原先的加法結果不會出錯。利用以上這道加法題目的計算，相信就可以詳細且精簡地說明九去法的原理。

然後，我們再來說明，當在做乘法的驗算時，九去法是根據什麼基本性質來運作的。

〔性質 3 〕

當把數個數字的連乘積除以 9 後，所得之餘數，必然與這數個數字之數字和（數字根）的積，以 9 除之後所得的餘數，二者相等。

在〔性質 1 〕中，提到將各個連乘數一個個地做乘法運算時，再將其積除以 9 所得之餘數，必然與用它們的數字和除以 9 所得之餘數相等，這就表示它們的數字根會相等。現在，舉〔問題 91 〕中的例題①為例：

3746＝（某數的 9 倍）＋（ 3＋7＋4＋6 ）

＝（某數的 9 倍）＋2

286＝（某數的 9 倍）＋（ 2＋8＋6 ）

＝（某數的 9 倍）＋7

所以當此二數相乘時，可以寫成：

3746 × 286 ＝｛（某數的 9 倍）＋2 ｝

×｛（某數的 9 倍）＋7 ｝

＝（某數的 9 倍）＋2×7

＝（某數的 9 倍）＋5

另外一種方式，也可直接將其積寫成：

1071356＝（某數的 9 倍）＋（1＋0＋7＋1＋3＋5＋6）

＝（某數的 9 倍）＋5

由以上兩種方法得知，二者的結果都相同。

當在做其數字和的運算時，可以完全無視其 9 的倍數之存在，便可看出計算是否正確無誤，藉由以上簡單的乘法算式之說明，相信必可詳盡地解釋九去法之原理。

此外，當以上的說明清楚明白之後，可以再知道：九去法中的基本原則是，無論任何數，皆可消去適當的 9 之倍數，而將原式化爲更簡單的式子。

所以，當在做38919349的運算時，由於本式中含有數個 9 的倍數，所以把它們消去，直接寫上 38134 即可。另外像 36524826 ，由於最初二位數爲 36 ，接下來三位的 524 中之 5 與 4 ，相加之和皆爲9 ，所以這個數就可以化簡寫成爲2826。

在使用九去法的同時，具有隨機應變的思考能力，也是相當必要的。

第七章
速算時避免錯誤的方法

〔問題　93〕

加法時避免運算錯誤的方法（PART 1）

1		2	
	9867		671472
	+ 8586		+ 567889
	18453		1239361

說明：當在做二個數的加法運算時，是由上往下加出答案的。但是如果能用上行、下行並連相加，必然可以避免在計算時忘了進位的錯誤。所以我們可以得知：當計算時，儘量避免單偏一邊的方式，因爲這是比較不完全的計算方式。

〔解答〕

$$\begin{array}{r} 9867 \\ +\ 8586 \\ \hline 18453 \end{array}$$

在一般的加法運算中，通常都是先把個位的 **6** 加上 **7**，得到 **13**。在個位上寫 **3**，再把 **1** 進到十位上去。然後把十位上的 **6** 與 **8**，再加上進 **1** 的部分，得出 **15**，而只在答案上寫 **5**，把 **1** 進到百位上去。接下來再把百位的 **8** 加上 **5**，再加上進 **1** 的部分，得到 **14**，只寫 **4**，再把 **1** 進到千位上去。最後把千位的 **9** 加 **8**，並加上進 **1** 的部分，得到 **18**，並寫 **18**。以上的方法，要特別注意進位的部分，因爲經常會遺漏，就造成錯誤。但是如果能將各個位數獨立計算的話，再將各自的結果相加起來，相信就可以安心地算出其答案了。

```
   9867
 + 8586
 ------
   13|13
  17|14
 ------
  18453
```

這個方法是將個位與百位的加法，與十位和千位的加法分成兩行排列，然後在位數與位數之間，用虛線把它們分隔開來，如此也比較有效率，並可解釋得很清楚。在右式的加法運算中，就是使用這個方法來解題的，幾位數並無太大關連，但可以很快地解出正確答案。

```
   671472
 + 567889
 --------
  13|12|11
 11| 8|15
 --------
  1239361
```

用這個方法，即使是低年級的小學生，都會覺得相當地有效。

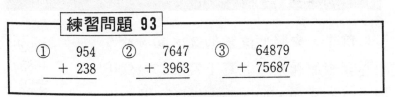

練習問題 93

①	②	③
954 + 238	7647 + 3963	64879 + 75687

〔問題 94〕

加法時避免運算錯誤的方法（ PART 2 ）

1	6392 4685 + 7556	2	836767 912542 398506 + 352673

說明：像此類 3 個數以上的加法，可以使用前面〔問題93〕的方法解題。但在計算的內容上要有所改變，不一定只列兩行的算式，甚至也會有三行的算式出現：

〔解答〕

```
   6392
   4685
+  7556
-------
   1413
  1722
-------
  18633
```

首先，先將個位數的 2 、 5 、及 6 用心算相加起來，並寫下答案13。然後把十位的 9 加 8 加 5，得出22，將它寫在13的左下一位上。接下來算出 3 加 6 加 5 的答案，得出 14 ，把它寫在 22 的左上一位上。最後算出 6 加 4 加 7 ，得出17，把答案寫在14的左下一位上。

像此類左下、左上相互一位的寫法，不論幾位數，都可以在二行內相加完畢。但是如果當區分後的位數高達10個時，就必須使用以下的方法來解題。

在例題[2]中，前面提到的兩行式加法計算就不夠使用，必須擴大，用三行式來運算。而且此類的運算，不用擔心進位的問題，因爲有特殊的方法可避免這些錯誤。

一般加法的運算錯誤中，由上向下比由下向上容易出錯。

```
   836767
   912542
   398506
 + 352673
 --------
   182318
  231817
 --------
  249 488
   10
 --------
  2500488
```

練習問題 94

① 426 + 152 + 497 =

② 8736 + 6674 + 2968 =

③ 35681 + 70455 + 26403 + 41978 =

〔問題 95〕

減法時避免運算錯誤的方法（ PART 1 ）

```
①    652      ②    8243
   − 378         − 3659
```

說明：一般的減法，都是由末尾位數的順序向前減的，而且當此位不夠減時，就向前一位借 1 來補。但是若有數個位數都要向前一位借 1 時，頭腦就容易混亂，爲了避免以上的困擾產生，可以將各個位數獨立起來運算，而不要向前一位借 1 來使用。這樣的想法，可能您一下子無法接受，必須要好好想一下才會明白的。

〔解答〕

```
   652
 − 378
   274
```

在一般的解法中，都是首先用各位的 2 來減 8，由於不夠減，所以向前一位借 1，變成 12 來減 8。接下來由於十位的 5 已經先被個位借去 1，所以用剩下的 4 來減 7。此時又不夠減，再向百位借 1，用 14 來減 7。最後，由於百位的 6 已經先借走了 1，所以只剩 5 來減 3。

以上的做法，由於經常向前一位借數字來使用，容易造成頭腦的混亂，計算上的錯誤，所以用以下的方法，來解決此項麻煩。

首先用個位的2來減8，由於不夠減，所以用逆向的8來減2。得到其答案為6，但要寫其補數4，在個位的答案上，並在4的下方畫一道橫線。接下來，再用十位的5來減7，也是因為不夠減，再把它逆向相減，寫上2的補數8在答案上。最後，由百位的6來減3。凡是下方畫有橫線的數字，都要將它左邊的數再減1例如：8的左邊之3變為2，4的左邊之8變為7。使用這個減法所做出的答案，就不用擔心會忘記借位上的問題了。

```
  652
- 378
-----
  384
   ↓
  274
```

```
  8243
- 3659
------
  5694
    ↓
  4584
```

依據以上的方法，我們也可將例題2中的式子，依照各別獨立的方法，來計算其答案了。

練習問題 95

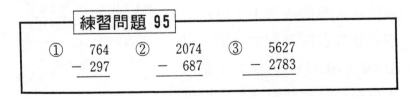

① 764 − 297	② 2074 − 687	③ 5627 − 2783

〔問題　96〕

減法時避免運算錯誤的方法（ PART 2 ）

$\boxed{1}$ $$\begin{array}{r} 723 \\ -\ 429 \\ \hline \end{array}$$

$\boxed{2}$ $$\begin{array}{r} 7326024 \\ -\ 4392028 \\ \hline \end{array}$$

說明： 當在做減法的運算時，如果依照〔問題95〕的方法，相信對計算感到苦惱的家庭主婦及低年級的小學生，都會覺得相當地有效。但是這個方法難道眞的完全適應每一個減法的式子嗎？現在，我們就根據這個問題，將以上的方法再略做修正，相信任何減法的問題皆可迎刃而解了。

〔解答〕

在問題$\boxed{1}$中，如果使用〔問題95〕的方法，因爲 $\underline{4}$ 的左鄰爲 0 ，無法再減 1 。所以，則要將其左鄰整個看成 30，再由 30 中減 1 ，即爲 29 。但若其左鄰爲連續數個 0 時，則就進而用最左邊不爲 0 的數，再

$$\begin{array}{r} 723 \\ -429 \\ \hline 30\underline{4} \end{array} \qquad \begin{array}{r} 723 \\ -429 \\ \hline \underbrace{30\underline{4}} \\ \downarrow \\ 294 \end{array}$$

由其中減 1 即可。相信由 300 、3000 之類的數中減 1，應是相當簡易的減法。

現在使用這個方法來解例題[2]的問題。首先，將各位數獨立做減法運算，得出答案爲 $30\underline{3}400\underline{6}$ 。再將下方有畫橫線的數，如 3 與 6 ，3的左鄰變爲30，相減後自然爲29。而 6 的左鄰則變爲 400 ，相減後其答案成爲 399 。此時，由於 $\underline{3}$ 與 $\underline{6}$ 皆爲先行調配的數字，與其它計算沒有任何關係。所以我們的正確答案應爲 2933996 。

$$
\begin{array}{r}
7326024 \\
-4392028 \\
\hline
30\underline{3}400\underline{6} \\
\downarrow \quad \downarrow \\
293 \vdots 3996
\end{array}
$$

練習問題 96

① $\begin{array}{r} 9192 \\ -\ 8194 \\ \hline \end{array}$　② $\begin{array}{r} 6512 \\ -\ 3528 \\ \hline \end{array}$　③ $\begin{array}{r} 823129 \\ -\ 324127 \\ \hline \end{array}$

〔問題 97〕

乘法時避免運算錯誤的方法（ PART 1 ）

```
[1]      68      [2]      749
       × 93            ×   78
       ----            ------
        204              5992
       612              5243
       ----            ------
       6324             58422
```

說明：如果運用一般的乘法，就要用心算求出68×3與68×9的答案，再將其答案按照其位置予以相加。但是在此處的心算過程中，就很容易會有錯誤產生。而現在我們所要使用的方法，是完全不需使用心算，只要會背一位數的九九乘法表，就可輕鬆地解答了。

〔解答〕

```
   68        68
 × 93      × 93
 ----      ----
  204        24
 612        18
 ----     .....
 6324       72
           54
          ----
          6324
```

在例題[1]中，首先將68×3及68×9的答案求出，再分別列於二行的計算式中相加，是屬於一般性的乘法運作，而且在此處，心算是相當必備的能力。

爲了避免心算，我們可以單

用一位數來兩兩相乘，然後將四個答案分別列於四行中，再把可以見到的具體數字相加，就可以避免計算上的失誤了。

此外，把 68 × 3 及 68 × 9 的結果，用虛線把二者區分開來，因此四行的計算式實際上只分為二行，以便我們的計算。

在例題②中，把 749 × 8 與 749 × 7，分開為二行計算式來運作。首先在做 749 × 8 時，先用 9 × 8，將其答案記下來，再將 4 × 8 的答案寫在其左下一位的位置上。接下來再用 7 × 8 的答案，寫在其左上一位的位置上，然後我們看一看這兩行式子的計算。由於使用左下、左上、左下、左上的交互進位法，所以不論其中一個數為幾位數，皆可用一位數的乘法，在兩行內看出其答案。

```
    749
 ×   78
 ------
  56:72
    32
 ......
  49:63
   28
 ------
  42:3 2
  16:12
 ------
  58422
```

此外，在做此類計算時，也可使用加法中避免錯誤的方法來解題。

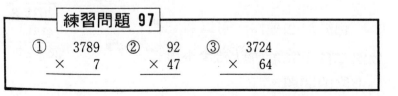

練習問題 97

①	②	③
3789 × 7	92 × 47	3724 × 64

〔問題　98〕

乘法時避免運算錯誤的方法（ PART 2 ）

```
[1]        76     [2]     384
      × 64839          × 6972
```

說明： 在乘法中，考慮二個乘數的排列位置，是相當重要的事。而且一般而言，乘數比被乘數小，在計算上是比較方便的事，所以我們只要運用 $a \times b = b \times a$ 的交換公式，自然可以簡單地算出答案。

〔解答〕

在例題[1]中，把二個乘數的順序互調，變成64839×76。在運算中，可以把 64839 × 6 與 64839 × 7 的計算分別寫做二行，所以合計共有四行的加法運算。

由於加法運作，可以將它們分做二行來算，所以完全不用擔心進位的問題。

```
  64839        6972
×    76      ×  384
-------      ------
 364854        36 8
  2418         2428
.......      ......
 425663        7216
  2821         4856
-------      ......
 42116 4       27 6
  71616       1821
-------      -------
4927764      12621 8
             141514
             -------
             2677248
```

在例題②中，也是將二個乘數相互對調，用6972 × 384 來做答。

由於 384 爲三位數，所以一共會有六行的加法運算。把全部的加法分爲二行，其結果便很容易便可求出了。在此處，最好用筆算，因爲如果用心算來記下所有的數字和，必然會混亂的。而且這個用法，甚至對於那些不大會乘法的小學生而言，都不會太困難。

練習問題 98

① $\begin{array}{r} 7324 \\ \times\ 593 \\ \hline \end{array}$　② $\begin{array}{r} 6847 \\ \times\ 492563 \\ \hline \end{array}$

〔問題 99〕

乘法時避免運算錯誤的方法(PART 3)

$$\begin{array}{r} 749 \\ \times\quad 78 \\ \hline \end{array}$$

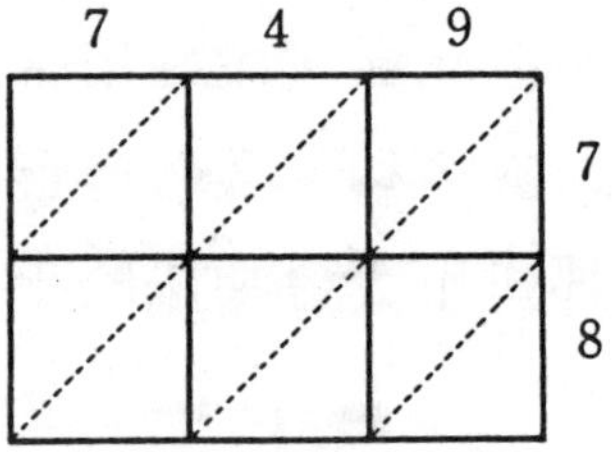

說明：乘法中避免計算錯誤的方法，自古以來，就有不少方法存在。現在我們就舉與〔問題97〕相同的例子749×78，來做另一類的乘法運作。右側中先畫方格，把同一數的乘數放在同一側，然後再來思考此類問題的解題方式。

〔解答〕

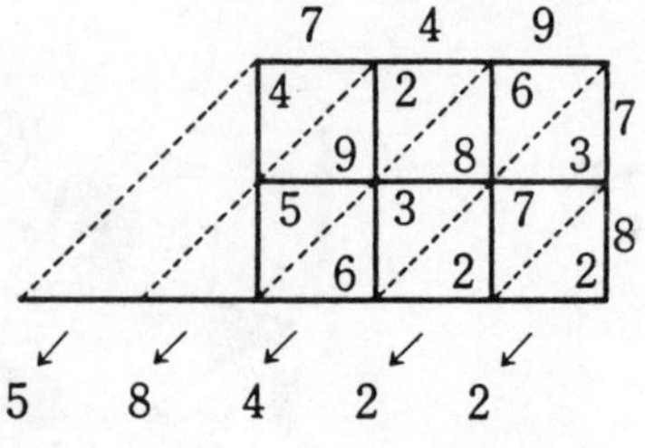

如右圖所示，將被乘數749寫在此方格的上方，乘數78寫在右側。然後把上側乘以右側，並且把它的答案寫在空格裡。此時，在斜線的左側寫上答的十位數，右側則寫上其個位數然後再把斜線內屬於同一區域的數相加起來，由右向左，按照順序一一求出答案。

在此例中，第一區斜線內的數字爲2，接下來爲3加7加2，再來爲6＋8＋3＋6，接著爲2＋9＋5，最後爲4。只要把所得的數求出，能進位的部分向左側進一位，這便是本題乘法的答案。

這個方法，其實與〔問題97〕所使用的方法，二者本質相同，都是用兩個一位數相乘求答。但是在本類題中，將其乘法寫入方格內是很必要的，而且不可事先做好，所以在運算的過程中，這可能也是比較浪費時間的一部分。

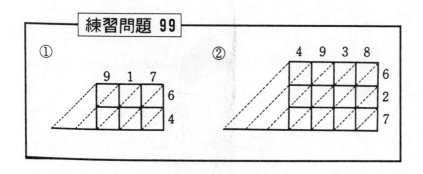

練習問題 99

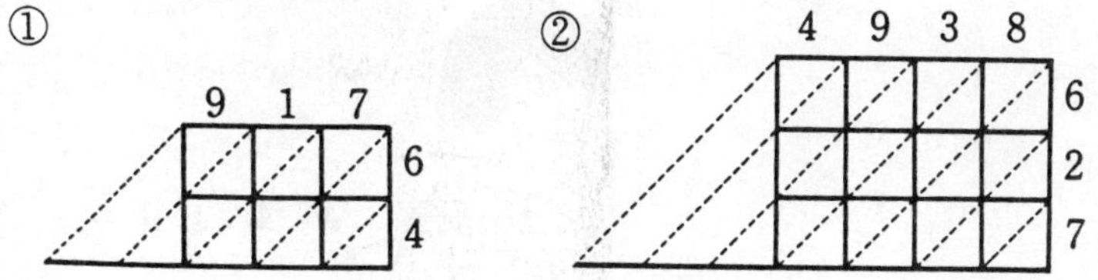

〔問題　100〕

計算中避免除法錯誤的方法

$$167\overline{)1590570856}$$

說明：在除法運算中，由於各位數皆要用乘法與減法的運算，所以其商也等於是向上位數求來的。此時，由於乘數都完全不變，因此其商位數的多少，完全可以決定於乘法的一覽表當中。只要我們使用以上的計算方法，相信必可減低心算及計算錯誤的發生。

〔解答〕

在此數1590570856÷167的除法運算中，由於被除數是10位數，除數爲三位數，則其商必然爲七位數或八位數。

而且關於每一位數與167相乘後的結果，由167的2倍到9倍，我們皆可參考圖上一覽表來解答。

1	167
2	334
3	501
4	668
5	835
6	1002
7	1169
8	1336
9	1503
10	1670

```
          9524376
167 ) 1590570856
      1503
       875
       835
        407
        334
         730
         668
          628
          501
          1275
          1169
           1066
           1002
             64
```

當在做此問題時，167並不要利用一個一個的連加法來求，而是要利用這個式子，求確定一下1670的最後10倍必爲1670。

當使用了本題的方法後，相信必可完全避開一切錯誤。因爲此式由於其商瞬間的運算中，可以安心的使用〔問題95〕所使用的方法。

練習問題 100

① 37) 24846684　　② 892) 3445773751

第八章
速算時的重點

在第一到第七章中，提出與速算相關的100道問題，並且藉由其解答的方式，來介紹各式各樣的速算法則。當然這並不代表就已完全涵蓋所有的法則，但是對於基本的速算、標準的速算、實用的速算，及有趣的速算，已經盡量予以討論了。

但在此書的最後一部分，仍要再加上速算的重點及注意事項的介紹。並且按照其項目別，一一列出其名目，如此一來，讀者可以根據自己所關心的項目來閱讀即可。

I　要如何寫才能最清楚易懂：

例如21 × 62 的乘法運算時，我們就經常寫成右式的方式來計算之。而且其乘法的計算順序，也是寫成62 × 21 。由於在計算式中會出現62 ，這等於是把62 寫二次，

```
    21        62
 ×  62     ×  21
 -----     -----
    42        62
   126       124
 -----     -----
  1302      1302
```

所以當我們用62 × 21時，實際上的算法，就與右式完全相同，我們只要保留原式中的62，再將下面的答案求出，二者相加，即可省去再度抄寫的麻煩，這在速算中，是相當重要的法則。

```
    21
 ×  62
 -----
   124
 -----
  1302
```

Ⅱ　加、減法交互運用：

當加法與減法相交互運算時，當然是減法比較令人頭痛。例如：725－187－254的式中，如果用一般的減法，就會先用725減187，再用所得的答案538，再減下一個524。因此，在這裡絕對要用二次減法才能解題。但是如果我們先把187加上254後，再用725減去所求出的答案441，則只要做一次減法就可以解題了。由此得知：速度的快慢與計算的順序，也是相當有關連的。

$$\begin{array}{r} 725 \\ -\ 187 \\ -\ 254 \\ \hline \end{array}$$

$$\begin{array}{r} 725 \\ -\ 187 \\ \hline 538 \end{array} \qquad \begin{array}{r} 538 \\ -\ 254 \\ \hline 284 \end{array}$$

$$\begin{array}{r} 187 \\ +\ 254 \\ \hline 441 \end{array} \qquad \begin{array}{r} 725 \\ -\ 441 \\ \hline 284 \end{array}$$

Ⅲ　除法與乘法的交互作用：

當除法與乘法交互作用時，乘法的部分通常比較簡單，例如：

$$8280 \div 24 \div 15 =$$

如果用一般的計算方法，都會首先用8280除以24，得出答345後，再用它來除以15。這樣的計算式中，必定要用到二

$$\begin{array}{r} 345 \\ 24\overline{)\,8280} \\ 72 \\ \hline 108 \\ 96 \\ \hline 120 \\ 120 \\ \hline 0 \end{array} \qquad \begin{array}{r} 23 \\ 15\overline{)\,345} \\ 30 \\ \hline 45 \\ 45 \\ \hline 0 \end{array}$$

次的除法方能解題。但若先將24乘以15，求出其答360後，再用8280去除它，就只要做一次除法就可以解題了。

$$\begin{array}{r} 24 \\ \times\ 15 \\ \hline 120 \\ 24\ \ \\ \hline 360 \end{array} \qquad \begin{array}{r} 23 \\ 360\,\overline{)\,8280} \\ 720\ \ \\ \hline 1080 \\ 1080 \\ \hline 0 \end{array}$$

此外，此類方法對於像

$$155 \div 7 \div 3 =$$

這些無法整除的除式，會顯得特別有效。

Ⅳ 簡單的平方法心算

兩個一位數的乘法，則可利用九九乘法來解，相信這在小學時就已熟記了。但似乎仍覺不足，而且如果多背一些常用的數目字，一定有助於計算，運用到的機會也很大，所以在此外列舉由11到19的二位數之平方答案：

$11^2=121$	$12^2=144$	$13^2=169$
$14^2=196$	$15^2=225$	$16^2=256$
$17^2=289$	$18^2=324$	$19^2=361$

以上列舉出9個，這是相當常用的計算，但怕仍嫌不足，所以再補充一些：

$21^2=441$	$22^2=484$	$23^2=529$
$24^2=576$	$25^2=625$	$26^2=676$
$27^2=729$	$28^2=784$	$29^2=841$

如果能把以上的式子都背熟，相信一定可以增加您的速度，這也就是說：努力也是相當重要的工作。

V　計算的順序也是一門功夫：

在計算時，有時將計算的順序略做改變，就可以很輕鬆地解出答案，例如：

$225\times7\times8=$

一般人會用：

$225\times7=1575$、$1575\times8=12600$

但如果把它調換順序：

$225\times8=1800$、$1800\times7=12600$

則比較容易計算，即使要用心算，也可很快地算出。

所以，把順序略做改變，的確有助於計算的速度。

VI　公式的活用：

在計算的過程中，可以將代數的公式拿來活用，而直接把答案代出來。例如公式：$(a-b)(a+b)=a^2-b^2$ 在

$298\times302=$

之計算式中，可以使用公式，把它變成：

$$298\times302=(300-2)\times(300+2)$$
$$=300^2-2^2=89996$$

所以現在把一些常用的公式列出，在計算時就可以運用。

$$(a+b)c=ac+bc$$
$$(a-b)c=ac-bc$$
$$(a+b)^2=a^2+2ab+b^2$$
$$(a-b)^2=a^2-2ab+b^2$$
$$(a+b)(a-b)=a^2-b^2$$
$$(x+a)(x+b)=x^2+(a+b)x+ab$$

Ⅶ 數列的和也可利用公式來解題：

例如在做

$$1+2+3+\cdots\cdots+100=$$

等於是在求由 1 到 100 的和，如果一個個加起來的話，則要大費周章，但如果利用公式，即可寫爲：

$$1+2+3+\cdots\cdots+100=100\times101\div2$$
$$=5050$$

也就是由 1 到 n 之間的數，求其總和。其公式寫爲：

$$1+2+3+\cdots\cdots+n=\frac{n(n+1)}{2}$$

以下再列幾個常用的公式，以加強計算數列之和。

$$1^2+2^2+3^2+\cdots\cdots+n^2=\frac{n(n+1)(2n+1)}{6}$$

$$1^3+2^3+3^3+\cdots\cdots+n^3=\left[\frac{n(n+1)}{2}\right]^2$$

$$1\times2+2\times3+3\times4+\cdots\cdots+n(n+1)$$
$$=\frac{n(n+1)(n+2)}{3}$$

$$1\times2\times3+2\times3\times4+3\times4\times5+\cdots\cdots$$
$$+n(n+1)(n+2)=\frac{n(n+1)(n+2)(n+3)}{4}$$

Ⅷ　避免看錯題目的困擾：

所謂的看錯題目，大多是由於初學者或是容易分心的人所造成的錯誤。因此不單是要學著注意力集中，還要思考自己容易犯的錯誤到底在哪兒？

會看錯題目，可以說完全歸罪於本人的精神不集中，所以要多下功夫在閱讀文章、數字寫得漂亮一些的工作上，這些都是很重要的。如果一個人連自己寫的數字都會看錯的話，那麼就不可以原諒了。

容易造成看錯題目的原因有：數字看錯、寫錯、位數排錯、把一部分的數字寫重複、脫落，或是計算太快、思考方法想錯之類等等。

由於速算等於是帶在身上的計算工作，所以應該儘量把它練得純熟無誤一些，才會對自己有幫助。而且速算的訓練工作，也是一步一步來的，避開容易錯誤之處，方能達到速算的目的。

☆練習問題之解答☆

第一章

問題 1	① 36	② 47	③ 45
問題 2	① 40	② 44	③ 51
問題 3	① 375	② 2673	③ 36825
問題 4	① 276	② 6105	③ 51551
問題 5	① 702	② 1637	③ 1011
問題 6	① 553	② 3143	③ 15161
問題 7	① 329	② 2601	③ 23641
問題 8	① 348	② 3467	③ 12786
問題 9	① 226	② 951	③ 30075
問題 10	① 2948	② 41411	③ 187647
問題 11	① 117	② 30	③ 2879
問題 12	① 126	② 295	③ 2605

第二章

問題 13	① 156	② 288	③ 323
問題 14	① 10815	② 11236	③ 11772
問題 15	① 1009018	② 1010025	③ 1015054
問題 16	① 12656	② 13688	③ 13923
問題 17	① 1025156	② 1034288	③ 1036323

問題 18	① 377	② 459	③ 464
問題 19	① 1356	② 1610	③ 1904
問題 20	① 651	② 4941	③ 6461
問題 21	① 2538	② 2496	③ 2768
問題 22	① 4221	② 624	③ 7209
問題 23	① 1254	② 5688	③ 9118
問題 24	① 598	② 1974	③ 5538
問題 25	① 2496	② 6391	③ 8064
問題 26	① 8109	② 8624	③ 56232
問題 27	① 13216	② 21021	③ 30624
問題 28	① 2736	② 2816	③ 1764
問題 29	① 2739	② 2619	③ 3456
問題 30	① 2475	② 1479	③ 1976
問題 31	① 2322	② 2272	③ 3192
問題 32	① 4209	② 11616	③ 23517
問題 33	① 3960	② 21425	③ 81900
問題 34	① 34125	② 317625	③ 266250
問題 35	① 15552	② 8554	③ 22698
問題 36	① 57660	② 112392	③ 62905
問題 37	① 41734	② 34408	③ 56562
問題 38	① 425796	② 94572	③ 4135416
問題 39	① 15678	② 72814	③ 87584

問題 40	① 13932	② 19170	③ 46557
問題 41	① 8742	② 11772	③ 11984
問題 42	① 10246	② 9523	③ 10848
問題 43	① 42848	② 166463	③ 651245
問題 44	① 982065	② 1025156	③ 1002972
問題 45	① 6921	② 29367	③ 51612
問題 46	① 433806	② 854568	③ 242209
問題 47	① 42287	② 516224	③ 612772
問題 48	① 2499	② 2491	③ 2436
問題 49	① 2430	② 2530	③ 2494
問題 50	① 22499	② 22484	③ 22436
問題 51	① 4263	② 4656	③ 7332
問題 52	① 6603	② 3612	③ 5727
問題 53	① 34532	② 31248	③ 467051

第三章

問題 54　① 1849　② 661.8　③ 17475

問題 55　① 3355　② 1061 ……餘 72

問題 56　① 73　② 366 ……餘 4　③ 3687

問題 57　① 74　② 56876 ……餘 62

問題 58　① 283 ……餘 13　② 3983

問題 59　① 33 ……餘 157　② 5643

問題 60	① 7 ……餘 2563	② 933 ……餘 4157
問題 61	① 61	② 9301 ……餘 44
問題 62	① 2142 ……餘 43	② 3050 ……餘 32
問題 63	① 302 ……餘 3	② 6985
問題 64	① 39 ……餘 561	② 869
問題 65	① 1863	② 4581 ……餘 10
問題 66	① 510 ……餘 6	② 1352 ……餘 21
問題 67	① 272 ……餘 11	② 1869
問題 68	① 309 ……餘 6	② 1423 ……餘 161
問題 69	① 735 ……餘 422	② 345 ……餘 387

第四章

問題 70	① 144	② 256	③ 324
問題 71	① 625	② 3025	③ 9025
問題 72	① 2704	② 2916	③ 3481
問題 73	① 8836	② 10609	③ 13225
問題 74	① 988036	② 978121	③ 1026169
問題 75	① 65025	② 308025	③ 731025
問題 76	① 305809	② 310249	③ 312481
問題 77	① 2116	② 5476	③ 7396
問題 78	① 7569	② 1369	③ 8649

第五章

問題 79	①餘 1	②餘 3	
問題 80	①整除	②餘 20	
問題 81	①整除	②整除	
問題 82	①整除	②餘 3	
問題 83	①整除	②整除	
問題 84	①整除	②整除	
問題 85	①整除	②整除	③整除
問題 86	①整除	②整除	
問題 87	①整除	②整除	

第六章

問題 88	①不正確	②正確	③不正確
問題 89	①正確	②正確	
問題 90	①正確	②不正確	
問題 91	①正確	②正確	
問題 92	①正確	②正確	

第七章

問題 93	① 1192	② 11610	③ 140566
問題 94	① 1075	② 18378	③ 174517
問題 95	① 467	② 1387	③ 2844

問題 96　① 998　② 2984　③ 499002

問題 97　① 26523　② 4324　③ 238336

問題 98　① 4343132　② 3372578861

問題 99

①

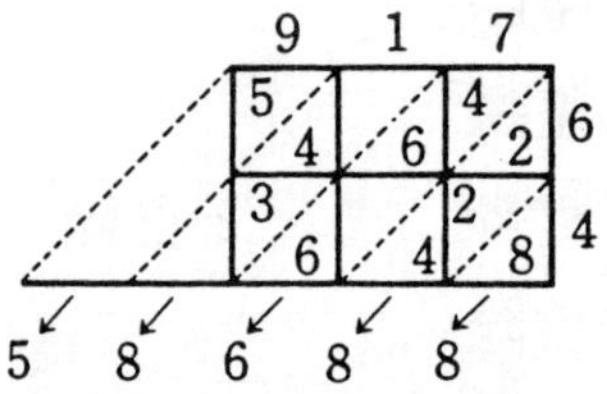

②

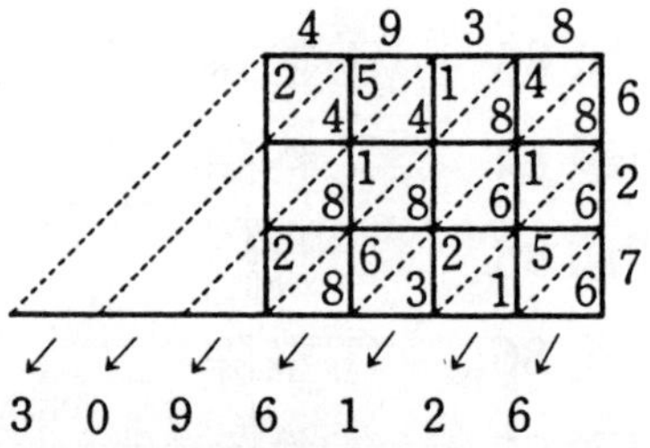

問題 100　① 671532　② 3862975 ……餘 51

・象棋輕鬆學・品冠編號 69

1. 象棋開局精要　方長勤審校　280 元
2. 象棋中局薈萃　言穆江著　280 元
3. 象棋殘局精粹　黃大昌著　280 元
4. 象棋精巧短局　石鏞、石煉編著　280 元

・生活廣場・品冠編號 61

1. 366 天誕生星　李芳黛譯　280 元
2. 366 天誕生花與誕生石　李芳黛譯　280 元
3. 科學命相　淺野八郎著　220 元
4. 已知的他界科學　陳蒼杰譯　220 元
5. 開拓未來的他界科學　陳蒼杰譯　220 元
6. 世紀末變態心理犯罪檔案　沈永嘉譯　240 元
7. 366 天開運年鑑　林廷宇編著　230 元
8. 色彩學與你　野村順一著　230 元
9. 科學手相　淺野八郎著　230 元
10. 你也能成為戀愛高手　柯富陽編著　220 元
12. 動物測驗—人性現形　淺野八郎著　200 元
13. 愛情、幸福完全自測　淺野八郎著　200 元
14. 輕鬆攻佔女性　趙奕世編著　230 元
15. 解讀命運密碼　郭宗德著　200 元
16. 由客家了解亞洲　高木桂藏著　220 元

・血型系列・品冠編號 611

1. A 血型與十二生肖　萬年青主編　180 元
2. B 血型與十二生肖　萬年青主編　180 元
3. 0 血型與十二生肖　萬年青主編　180 元
4. AB 血型與十二生肖　萬年青主編　180 元
5. 血型與十二星座　許淑瑛編著　230 元

・女醫師系列・品冠編號 62

1. 子宮內膜症　國府田清子著　200 元
2. 子宮肌瘤　黑島淳子著　200 元
3. 上班女性的壓力症候群　池下育子著　200 元
4. 漏尿、尿失禁　中田真木著　200 元
5. 高齡生產　大鷹美子著　200 元
6. 子宮癌　上坊敏子著　200 元
7. 避孕　早乙女智子著　200 元
8. 不孕症　中村春根著　200 元
9. 生理痛與生理不順　堀口雅子著　200 元

10. 更年期　野末悅子著　200 元

・傳統民俗療法・品冠編號 63

1. 神奇刀療法	潘文雄著	200 元
2. 神奇拍打療法	安在峰著	200 元
3. 神奇拔罐療法	安在峰著	200 元
4. 神奇艾灸療法	安在峰著	200 元
5. 神奇貼敷療法	安在峰著	200 元
6. 神奇薰洗療法	安在峰著	200 元
7. 神奇耳穴療法	安在峰著	200 元
8. 神奇指針療法	安在峰著	200 元
9. 神奇藥酒療法	安在峰著	200 元
10. 神奇藥茶療法	安在峰著	200 元
11. 神奇推拿療法	張貴荷著	200 元
12. 神奇止痛療法	漆 浩 著	200 元
13. 神奇天然藥食物療法	李琳編著	200 元
14. 神奇新穴療法	吳德華編著	200 元
15. 神奇小針刀療法	韋丹主編	200 元
16. 神奇刮痧療法	童佼寅主編	200 元
17. 神奇氣功療法	陳坤編著	200 元

・常見病藥膳調養叢書・品冠編號 631

1. 脂肪肝四季飲食	蕭守貴著	200 元
2. 高血壓四季飲食	秦玖剛著	200 元
3. 慢性腎炎四季飲食	魏從強著	200 元
4. 高脂血症四季飲食	薛輝著	200 元
5. 慢性胃炎四季飲食	馬秉祥著	200 元
6. 糖尿病四季飲食	王耀獻著	200 元
7. 癌症四季飲食	李忠著	200 元
8. 痛風四季飲食	魯焰主編	200 元
9. 肝炎四季飲食	王虹等著	200 元
10. 肥胖症四季飲食	李偉等著	200 元
11. 膽囊炎、膽石症四季飲食	謝春娥著	200 元

・彩色圖解保健・品冠編號 64

1. 瘦身	主婦之友社	300 元
2. 腰痛	主婦之友社	300 元
3. 肩膀痠痛	主婦之友社	300 元
4. 腰、膝、腳的疼痛	主婦之友社	300 元
5. 壓力、精神疲勞	主婦之友社	300 元
6. 眼睛疲勞、視力減退	主婦之友社	300 元

・休閒保健叢書・品冠編號 641

1. 瘦身保健按摩術　聞慶漢主編　200 元
2. 顏面美容保健按摩術　聞慶漢主編　200 元
3. 足部保健按摩術　聞慶漢主編　200 元
4. 養生保健按摩術　聞慶漢主編　280 元
5. 頭部穴道保健術　柯富陽主編　180 元
6. 健身醫療運動處方　鄭寶田主編　230 元
7. 實用美容美體點穴術＋VCD　李芬莉主編　350 元

・心 想 事 成・品冠編號 65

1. 魔法愛情點心　結城莫拉著　120 元
2. 可愛手工飾品　結城莫拉著　120 元
3. 可愛打扮 & 髮型　結城莫拉著　120 元
4. 撲克牌算命　結城莫拉著　120 元

・健康新視野・品冠編號 651

1. 怎樣讓孩子遠離意外傷害　高溥超等主編　230 元
2. 使孩子聰明的鹼性食品　高溥超等主編　230 元
3. 食物中的降糖藥　高溥超等主編　230 元

・少 年 偵 探・品冠編號 66

1. 怪盜二十面相　（精）　江戶川亂步著　特價 189 元
2. 少年偵探團　（精）　江戶川亂步著　特價 189 元
3. 妖怪博士　（精）　江戶川亂步著　特價 189 元
4. 大金塊　（精）　江戶川亂步著　特價 230 元
5. 青銅魔人　（精）　江戶川亂步著　特價 230 元
6. 地底魔術王　（精）　江戶川亂步著　特價 230 元
7. 透明怪人　（精）　江戶川亂步著　特價 230 元
8. 怪人四十面相　（精）　江戶川亂步著　特價 230 元
9. 宇宙怪人　（精）　江戶川亂步著　特價 230 元
10. 恐怖的鐵塔王國　（精）　江戶川亂步著　特價 230 元
11. 灰色巨人　（精）　江戶川亂步著　特價 230 元
12. 海底魔術師　（精）　江戶川亂步著　特價 230 元
13. 黃金豹　（精）　江戶川亂步著　特價 230 元
14. 魔法博士　（精）　江戶川亂步著　特價 230 元
15. 馬戲怪人　（精）　江戶川亂步著　特價 230 元
16. 魔人銅鑼　（精）　江戶川亂步著　特價 230 元
17. 魔法人偶　（精）　江戶川亂步著　特價 230 元
18. 奇面城的秘密　（精）　江戶川亂步著　特價 230 元
19. 夜光人　（精）　江戶川亂步著　特價 230 元

20. 塔上的魔術師 （精） 江戶川亂步著 特價 230 元
21. 鐵人Q （精） 江戶川亂步著 特價 230 元
22. 假面恐怖王 （精） 江戶川亂步著 特價 230 元
23. 電人M （精） 江戶川亂步著 特價 230 元
24. 二十面相的詛咒 （精） 江戶川亂步著 特價 230 元
25. 飛天二十面相 （精） 江戶川亂步著 特價 230 元
26. 黃金怪獸 （精） 江戶川亂步著 特價 230 元

・武 術 特 輯・大展編號 10

1. 陳式太極拳入門 馮志強編著 180 元
2. 武式太極拳 郝少如編著 200 元
3. 中國跆拳道實戰 100 例 岳維傳著 220 元
4. 教門長拳 蕭京凌編著 150 元
5. 跆拳道 蕭京凌編譯 180 元
6. 正傳合氣道 程曉鈴譯 200 元
7. 實用雙節棍 吳志勇編著 200 元
8. 格鬥空手道 鄭旭旭編著 200 元
9. 實用跆拳道 陳國榮編著 200 元
10. 武術初學指南 李文英、解守德編著 250 元
11. 泰國拳 陳國榮著 180 元
12. 中國式摔跤 黃 斌編著 180 元
13. 太極劍入門 李德印編著 180 元
14. 太極拳運動 運動司編 250 元
15. 太極拳譜 清・王宗岳等著 280 元
16. 散手初學 冷 峰編著 200 元
17. 南拳 朱瑞琪編著 180 元
18. 吳式太極劍 王培生著 200 元
19. 太極拳健身與技擊 王培生著 250 元
20. 秘傳武當八卦掌 狄兆龍著 250 元
21. 太極拳論譚 沈 壽著 250 元
22. 陳式太極拳技擊法 馬 虹著 250 元
23. 二十四式/三十二式 太極 拳/劍 闞桂香著 180 元
24. 楊式秘傳 129 式太極長拳 張楚全著 280 元
25. 楊式太極拳架詳解 林炳堯著 280 元
26. 華佗五禽劍 劉時榮著 180 元
27. 太極拳基礎講座：基本功與簡化 24 式 李德印著 250 元
28. 武式太極拳精華 薛乃印著 200 元
29. 陳式太極拳拳理闡微 馬 虹著 350 元
30. 陳式太極拳體用全書 馬 虹著 400 元
31. 張三豐太極拳 陳占奎著 200 元
32. 中國太極推手 張 山主編 300 元
33. 48 式太極拳入門 門惠豐編著 220 元
34. 太極拳奇人奇功 嚴翰秀編著 250 元

35. 心意門秘籍	李新民編著	220 元
36. 三才門乾坤戊己功	王培生編著	220 元
37. 武式太極劍精華＋VCD	薛乃印編著	350 元
38. 楊式太極拳	傅鐘文演述	200 元
39. 陳式太極拳、劍 36 式	闞桂香編著	250 元
40. 正宗武式太極拳	薛乃印著	220 元
41. 杜元化＜太極拳正宗＞考析	王海洲等著	300 元
42. ＜珍貴版＞陳式太極拳	沈家楨著	280 元
43. 24 式太極拳＋VCD	中國國家體育總局著	350 元
44. 太極推手絕技	安在峰編著	250 元
45. 孫祿堂武學錄	孫祿堂著	300 元
46. ＜珍貴本＞陳式太極拳精選	馮志強著	280 元
47. 武當趙堡太極拳小架	鄭悟清傳授	250 元
48. 太極拳習練知識問答	邱丕相主編	220 元
49. 八法拳 八法槍	武世俊著	220 元
50. 地趟拳＋VCD	張憲政著	350 元
51. 四十八式太極拳＋DVD	楊 靜演示	400 元
52. 三十二式太極劍＋VCD	楊 靜演示	300 元
53. 隨曲就伸 中國太極拳名家對話錄	余功保著	300 元
54. 陳式太極拳五功八法十三勢	闞桂香著	200 元
55. 六合螳螂拳	劉敬儒等著	280 元
56. 古本新探華佗五禽戲	劉時榮編著	180 元
57. 陳式太極拳養生功＋VCD	陳正雷著	350 元
58. 中國循經太極拳二十四式教程	李兆生著	300 元
59. ＜珍貴本＞太極拳研究	唐豪・顧留馨著	250 元
60. 武當三豐太極拳	劉嗣傳著	300 元
61. 楊式太極拳體用圖解	崔仲三編著	400 元
62. 太極十三刀	張耀忠編著	230 元
63. 和式太極拳譜＋VCD	和有祿編著	450 元
64. 太極內功養生術	關永年著	300 元
65. 養生太極推手	黃康輝編著	280 元
66. 太極推手祕傳	安在峰編著	300 元
67. 楊少侯太極拳用架真詮	李璉編著	280 元
68. 細說陰陽相濟的太極拳	林冠澄著	350 元
69. 太極內功解祕	祝大彤編著	280 元
70. 簡易太極拳健身功	王建華著	180 元
71. 楊氏太極拳真傳	趙斌等著	380 元
72. 李子鳴傳梁式直趟八卦六十四散手掌	張全亮編著	200 元
73. 炮捶 陳式太極拳第二路	顧留馨著	330 元
74. 太極推手技擊傳真	王鳳鳴編著	300 元
75. 傳統五十八式太極劍	張楚全編著	200 元
76. 新編太極拳對練	曾乃梁編著	280 元
77. 意拳拳學	王薌齋創始	280 元
78. 心意拳練功竅要	馬琳璋著	300 元

79. 形意拳搏擊的理與法	買正虎編著	300 元
80. 拳道功法學	李玉柱編著	300 元
81. 精編陳式太極拳拳劍刀	武世俊編著	300 元
82. 現代散打	梁亞東編著	200 元
83. 形意拳械精解（上）	邸國勇編著	480 元
84. 形意拳械精解（下）	邸國勇編著	480 元
85. 楊式太極拳詮釋【理論篇】	王志遠編著	200 元
86. 楊式太極拳詮釋【練習篇】	王志遠編著	280 元
87. 中國當代太極拳精論集	余功保主編	500 元
88. 八極拳運動全書	安在峰編著	480 元
89. 陳氏太極長拳 108 式＋VCD	王振華著	350 元
90. 太極拳練架真詮	李璉著	280 元
91. 走進太極拳 太極拳初段位訓練與教學法	曾乃梁編著	300 元
92. 中國功夫操	莊昔聰編著	280 元
93. 太極心語	陳太平著	280 元
94. 楊式太極拳學練釋疑	奚桂忠著	250 元
95. 自然太極拳<81 式>	祝大彤編著	330 元
96. 陳式太極拳精義	張茂珍編著	380 元
97. 盈虛有象 中國太極拳名家對話錄	余功保編著	600 元

・彩色圖解太極武術・大展編號 102

1. 太極功夫扇	李德印編著	220 元
2. 武當太極劍	李德印編著	220 元
3. 楊式太極劍	李德印編著	220 元
4. 楊式太極刀	王志遠著	220 元
5. 二十四式太極拳(楊式)＋VCD	李德印編著	350 元
6. 三十二式太極劍(楊式)＋VCD	李德印編著	350 元
7. 四十二式太極劍＋VCD	李德印編著	350 元
8. 四十二式太極拳＋VCD	李德印編著	350 元
9. 16 式太極拳 18 式太極劍＋VCD	崔仲三著	350 元
10. 楊氏 28 式太極拳＋VCD	趙幼斌著	350 元
11. 楊式太極拳 40 式＋VCD	宗維潔編著	350 元
12. 陳式太極拳 56 式＋VCD	黃康輝等著	350 元
13. 吳式太極拳 45 式＋VCD	宗維潔編著	350 元
14. 精簡陳式太極拳 8 式、16 式	黃康輝編著	220 元
15. 精簡吳式太極拳<36 式拳架・推手>	柳恩久主編	220 元
16. 夕陽美功夫扇	李德印著	220 元
17. 綜合 48 式太極拳＋VCD	竺玉明編著	350 元
18. 32 式太極拳（四段）	宗維潔演示	220 元
19. 楊氏 37 式太極拳＋VCD	趙幼斌著	350 元
20. 楊氏 51 式太極劍＋VCD	趙幼斌著	350 元
21. 嫡傳楊家太極拳精練 28 式	傅聲遠著	220 元
22. 嫡傳楊家太極劍 51 式	傅聲遠著	220 元

・國際武術競賽套路・大展編號 103

1. 長拳	李巧玲執筆	220 元
2. 劍術	程慧琨執筆	220 元
3. 刀術	劉同為執筆	220 元
4. 槍術	張躍寧執筆	220 元
5. 棍術	殷玉柱執筆	220 元

・簡化太極拳・大展編號 104

1. 陳式太極拳十三式	陳正雷編著	200 元
2. 楊式太極拳十三式	楊振鐸編著	200 元
3. 吳式太極拳十三式	李秉慈編著	200 元
4. 武式太極拳十三式	喬松茂編著	200 元
5. 孫式太極拳十三式	孫劍雲編著	200 元
6. 趙堡太極拳十三式	王海洲編著	200 元

・導引養生功・大展編號 105

1. 疏筋壯骨功＋VCD	張廣德著	350 元
2. 導引保建功＋VCD	張廣德著	350 元
3. 頤身九段錦＋VCD	張廣德著	350 元
4. 九九還童功＋VCD	張廣德著	350 元
5. 舒心平血功＋VCD	張廣德著	350 元
6. 益氣養肺功＋VCD	張廣德著	350 元
7. 養生太極扇＋VCD	張廣德著	350 元
8. 養生太極棒＋VCD	張廣德著	350 元
9. 導引養生形體詩韻＋VCD	張廣德著	350 元
10. 四十九式經絡動功＋VCD	張廣德著	350 元

・中國當代太極拳名家名著・大展編號 106

1. 李德印太極拳規範教程	李德印著	550 元
2. 王培生吳式太極拳詮真	王培生著	500 元
3. 喬松茂武式太極拳詮真	喬松茂著	450 元
4. 孫劍雲孫式太極拳詮真	孫劍雲著	350 元
5. 王海洲趙堡太極拳詮真	王海洲著	500 元
6. 鄭琛太極拳道詮真	鄭琛著	450 元
7. 沈壽太極拳文集	沈壽著	630 元

・古代健身功法・大展編號 107

1. 練功十八法	蕭凌編著	200 元

國家圖書館出版品預行編目資料

速算解題技巧／宋釗宜 編著
－2版－臺北市，大展，1997【民86】
面；21公分－（校園系列；10）
ISBN 978-957-557-722-3（平裝）
1. 算術—運算
312.81　　86006488

速算解題技巧

ISBN 978-957-557-722-3

編著者／宋　釗　宜
發行人／蔡　森　明
出版者／大展出版社有限公司
社　址／台北市北投區（石牌）致遠一路2段12巷1號
電　話／(02) 28236031・28236033・28233123
傳　真／(02) 28272069
郵政劃撥／01669551
網　址／www.dah-jaan.com.tw
E-mail／service@dah-jaan.com.tw
登記證／局版臺業字第2171號
承印者／國順文具印刷行
裝　訂／建鑫裝訂有限公司
排版者／千兵企業有限公司
初版1刷／1992年（民81年）3月
2版1刷／1997年（民86年）8月
2版4刷／2009年（民98年）4月
定　價／200元

大展好書　好書大展
品嘗好書　冠群可期